未来能源

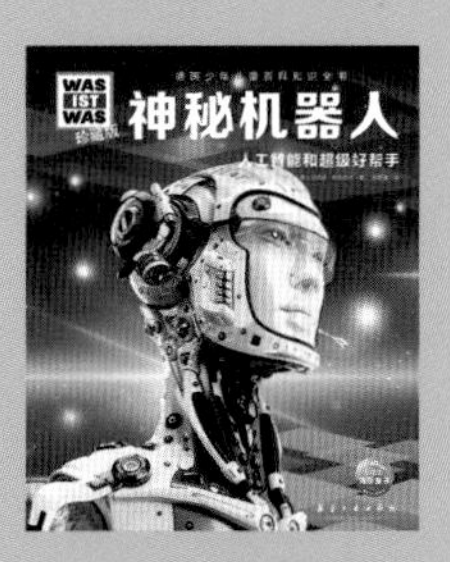

第一辑·全10册

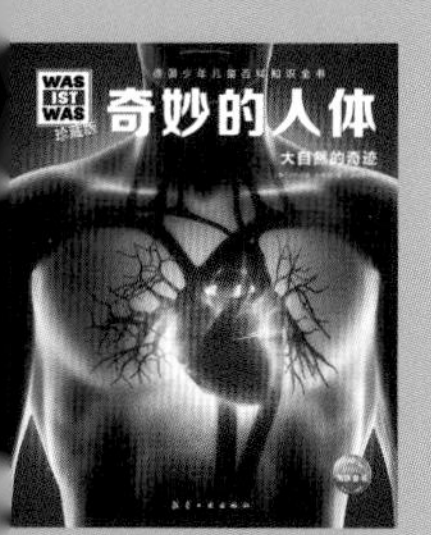

第二辑·全10册

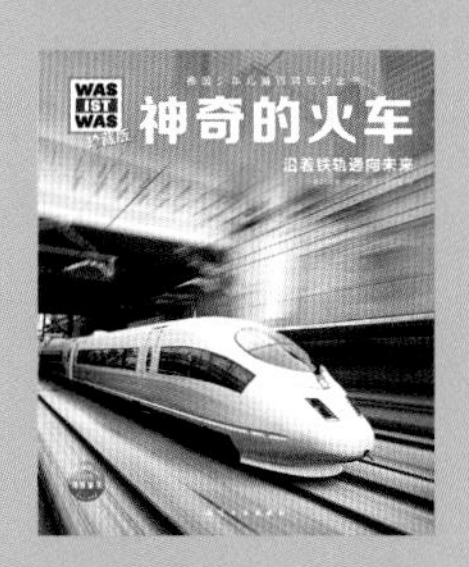

第三辑·全10册

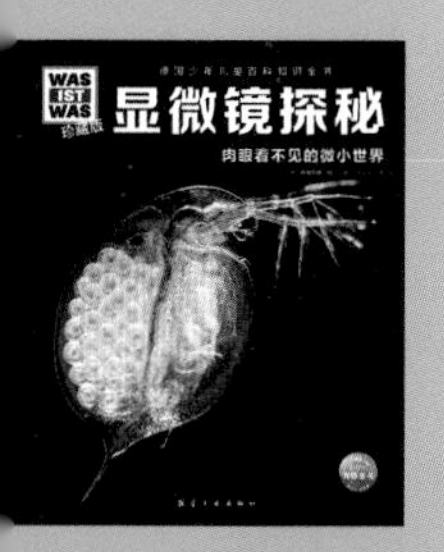

第四辑·全10册

第五辑·全10册

第六辑·全10册

第七辑·全8册

WAS IST WAS

学习源自好奇 科学改变未来

火山探秘

来自地底的火焰

[德] 曼弗雷德·鲍尔 / 著　王荣辉 / 译

航空工业出版社

方便区分出不同的主题！

真相大搜查

7

层层的高温！这就是地球内部的面貌。

4 点缀着烈焰的星球

从海里冒出了一座火山岛！

18

14

没有任何头盔能够抵挡得了那么巨大的火山弹！

14 烈焰、熔岩、火山灰

26

轰！喀拉喀托火山于1883年爆发，当时震惊全球！

22 著名的火山

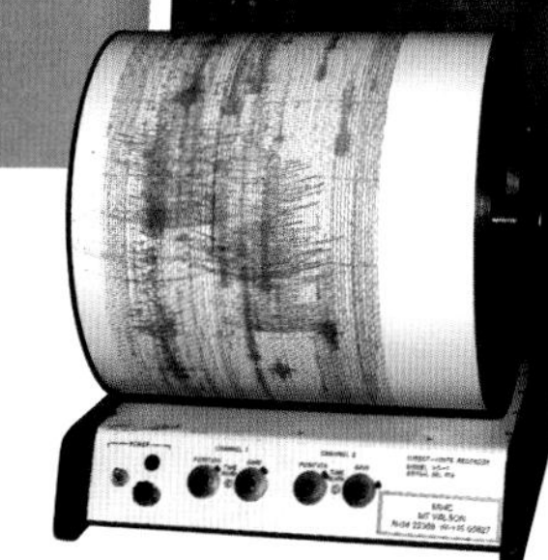

热工作！酷服装！
火山学家穿这个！

32 火山研究

符号箭头▶
代表内容特别有趣！

34

41

怎么会这样？没有火山，
就不会有自行车了！

我在 1774 年喷发时留下的
特写影像，值得一看。

堵塞！造成维苏威
火山如此危险！

47

36 与火山共存

48 名词解释

重要名词解释！

24

山头不见了！美国圣海伦火山
曾于 1980 年爆发。

托马斯·华特与火山

印度尼西亚是环太平洋火山地震带的一部分，有许多活火山对当地居民造成严重的威胁。默拉皮火山位于爪哇岛，距离岛上的大城市日惹仅 35 千米远。

托马斯·华特是一位火山学家，他曾近距离观察过许多火山喷发的场面。其中有两座火山特别受他青睐，即埃特纳火山以及默拉皮火山。

位于意大利西西里岛的埃特纳火山是一座温和的火山，这有利于使用最新仪器与研究方法对它进行探测。相反，位于印度尼西亚爪哇岛的默拉皮火山则是地球上最危险的火山之一，大约每隔 5 到 10 年便会喷发一次，它频繁的火山活动迄今已夺走了许多人宝贵的性命。

登上火山

在 2006 年时，托马斯·华特和他的研究团队首次登上了海拔 3000 米高的默拉皮火山。此行的目的，主要是为了在山上装设地震仪。这种侦测仪器十分灵敏，即使是微小的地震也能感应得出来。此外，研究团队还打算测量火山所逸散出的气体及温度。在抵达山顶前，众人得先背负着沉重的装备，穿过酷热且雾气腾腾的雨林。

众神的怒火

再往上走，经常性的火山喷发使得雨林无法生长，举目所及之处尽是岩石、碎石与灰烬。华特与研究团队就在举步艰难的环境下，步步为营地往上走。不仅如此，他们还得戴上防毒面具，因为此处所弥漫的有害气体会刺激人的肺部。然而，为了测得与火山活动有关的重要数据，这些牺牲都是必要的。唯有彻底了解火山，才能及时警告民众逃生。火山的山顶被云雾所笼罩，在朦胧的环境中，不断回荡着令人惊心的隆隆巨响。某些印尼人认为，这是神祇在发怒，他们会利用献祭来安抚众神的怒火。不过大多数的人其实都知道，火山爆发的真相无非就是喷发岩浆。换句话说，就是来自地球内部既滚烫、又黏稠的岩石，往地表推挤，形成了火山口，一旦火山口被突破，大量的熔岩、火山灰与高温气体便会从山坡倾泻而下，其中有些岩石碎块甚至大如房屋。

日惹的居民配戴口罩以防止火山灰的危害。

2010 年，火山碎屑流摧毁了爪哇岛上的几个村庄，火山灰覆盖了村庄的遗址。

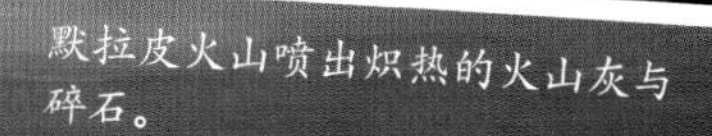

默拉皮火山喷出炽热的火山灰与碎石。

幸运地逃过一劫

发生于2010年的大规模火山爆发，好在有设立于山上的自动监测站，居民们才逃过一劫。包括华特在内的火山学家们在默拉皮火山监测站所搜集到的大量数据中，发现了显示出火山即将喷发的种种迹象。此外，他们也观察到，火山顶峰产生了具有威胁性的隆起，所以在火山爆发之前，就将居住在危险范围的20多万村民疏散完毕。然而，还是有少数人不顾警告，冒险返回自己的村庄，结果就在炽热的熔岩中丧失了生命！那场火山爆发共计夺走了346条人命。但如果没有事先的警告与疏散居民的行动，恐怕会有成千上万的人伤亡！

火山监视器

如今，托马斯·华特宁可选择在远处观察默拉皮火山。借助自动摄影机，他可以全天候监测这个地区；到了夜间，还能利用热感应摄影机加以辅助。此外，火山学家们还会定期分析从卫星传来的数据，火山的所有动静都会显示在这些数据里。地球观测卫星的雷达眼不分昼夜，都可以穿透云层、直探地面。对于今日的火山学家而言，最重要的辅助工具不再是地质锤，而是能够高速运算的计算机，它们可以帮助火山学家计算出炽热的火山灰与熔岩将波及的范围，进而指出哪些村庄处于危险区域里。

托马斯·华特期盼有朝一日，所有像默拉皮火山这种位于人类居住地带附近的火山，都能获得监控。

托马斯·华特博士

当默拉皮火山开始蠢蠢欲动时，托马斯·华特博士就在附近。这位科学家热爱火山，同时也敬畏火山具有的惊人破坏力，并曾与其他同事远赴南美探索一座超级火山。

来自地底深处的烈火

我们的地球绝对不是一个已经冷却了的行星。虽然，从外层空间观察地球，我们可以看到坚硬的大陆与海洋的水面，然而我们的脚没被烫伤，实在可说是一种奇迹，因为到目前为止，地球的内部依然是滚烫的。我们脚底下的土地其实并不像它们看起来那般稳固。它们会在我们毫无察觉的情况下默默地移动、上升、下沉。有时地面也会发生剧烈的震动，严重时甚至会导致房屋断裂或崩塌。

炎热的地球内部

矿工都知道，矿坑越往地底深处，坑道里的温度越会不断上升。大约在地底 200 千米深的地方，温度便会高达 1500℃左右。只不过，无论是挖矿还是钻孔，人类现今都还无法挖掘到如此深的地方。在这种极度高温的环境中，铁和岩石都会在白炽状态下烧熔。然而，它们并非全然变成液态，而是呈现可塑的半固态。一般说来，火山所喷发的熔岩与火山灰，多半来自地底 100 至 300 千米的深处。在某些地方，甚至会发生深成岩液化的情形。它们会变成岩浆，并且汇集于大型的岩浆库。由于这些岩浆比周围的岩石更热且更轻，于是它们便会向上涌。在上升的过程中，岩浆会产生一股巨大的力量，不但会撕裂坚硬的岩石，还会将这些岩石一并熔化。光凭人类的科技，恐怕永远也到不了地心。不过，借由地震仪的辅助，也就是通过地震波的记录，我们可以知道，地球行星是以层状的方式构成。已经冷却了的地壳

火热的地球

地球并非一直是个布满水的蓝色行星，它原本是个炽热的星球。经过长时间逐渐冷却后，在它的表面上，终于形成坚石与水流。不过直到目前为止，地球内部依然是滚烫的。

当地球内部的力量释放出来时，便会发生地震与火山活动。

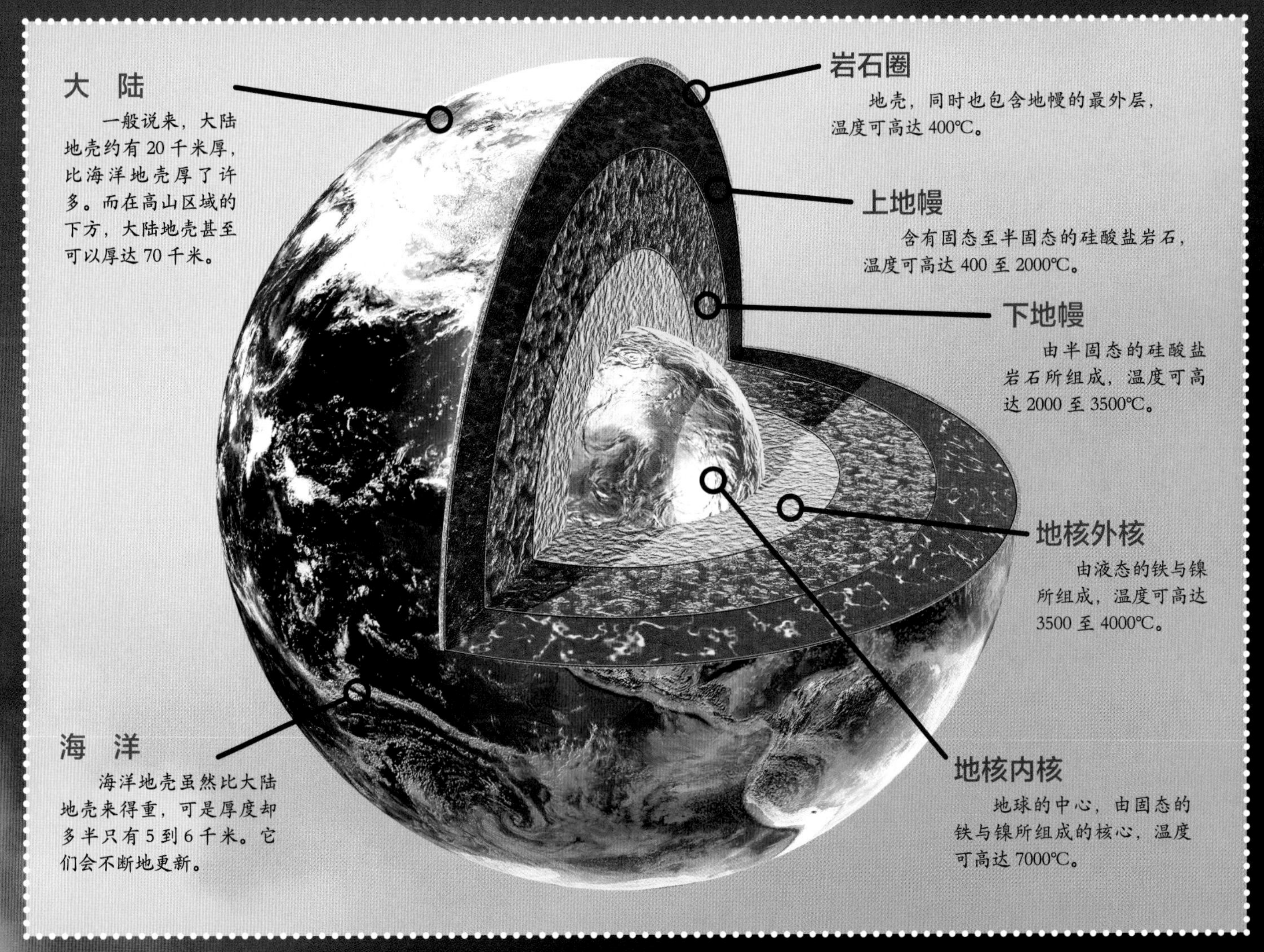

仿佛一层薄膜，在最外层包覆着地球。它的下方，则是由岩石所构成、厚达2900千米的地幔。地幔虽然坚硬，但却是可塑的。而在地核里，则是汇聚了较重的金属。尽管位于地球中心的地核温度高达7000℃，可是其中的金属却并非液态，而是以固体的形态存在着，其原因在于高压；固态的内核外面有液态、金属的外核包覆，而外核里的金属之所以呈现液态，则是由于这里的压力相对较小。

生活在地球薄壳上

地球表层薄而坚硬的岩石圈仅有100到200千米厚。它构成了大陆与海底。如果我们用苹果来打个比方，地壳之于地球的厚度，就有如苹果皮一般。不过，地壳并不是一体成形的外壳，它是由多个不同的板块拼凑而成。这些板块就仿佛水上的大块浮冰，在地幔上漂移。至于造成板块移动的力量，则是来自地幔里的强大对流。在地幔里，高温的物质会上升，经过一段时间的平移后，这些物质逐渐冷却，接着便会在别的地方再度下沉。就在这些流动的高温物质进行平移时，地表的板块也会跟着被带动。而地震与火山作用等现象，便发生在板块相互碰撞与推挤的地方。在某些地区，大陆在地球上的漂移速度，甚至可以达到一年移动将近10厘米。

借由观察火山的活动，我们不难想象，地球内部存在着何等的高温！

在高温地幔上漂移

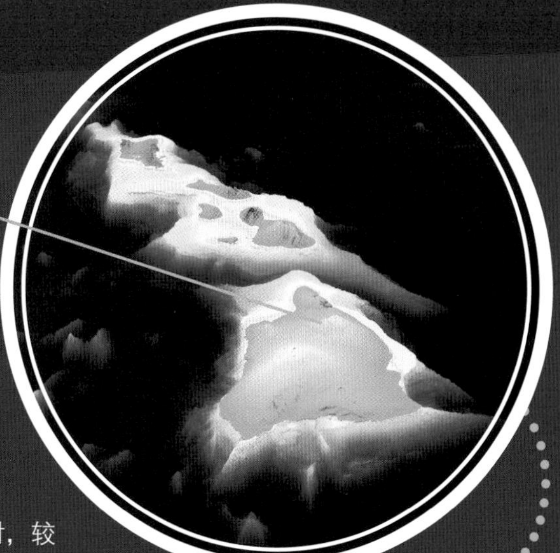

事实上，地壳一直在运动着，地貌也跟着不断地在改变。构成大西洋海底的两个海洋板块，在持续缓缓地相互分离，它们彼此分离的速度就如同我们指甲生长的速度那般缓慢。因此，欧洲与北美洲会以每年大约2厘米的速度相互远离。地质学家称这样的过程为“海底扩张”。从地底下溢出的岩浆在海中形成火山，有条深渠在板块边界的火山内部延伸，岩浆则会从渠道里不断涌出。当岩浆接触到低温的海水，便因冷凝而形成新的海底。在这些地方，往往也会从海底形成海底火山。其中某些火山经过上百万年的作用后，甚至可以突破海平面，成为一座火山岛，大洋中的许多岛屿便是这样产生的。

当地壳下沉

一旦某处形成了新的海底，另一处的海底便会被推开。当海底与大陆相会时，较薄但较重的海洋地壳，会沉入较轻的大陆地壳下方。它们会在地球深处熔化，而较轻的液态岩石与气体则向上推挤并突破地壳。南美西岸那些群列的火山，就是这样形成的。在两个海洋板块交会之处，会形成一个岛弧。

热　点

火山不仅形成于板块边缘，就连距离边缘很远的板块中央也会形成火山。当板块下方有某处温度特别高时，岩浆便会从这里往地壳推进，并

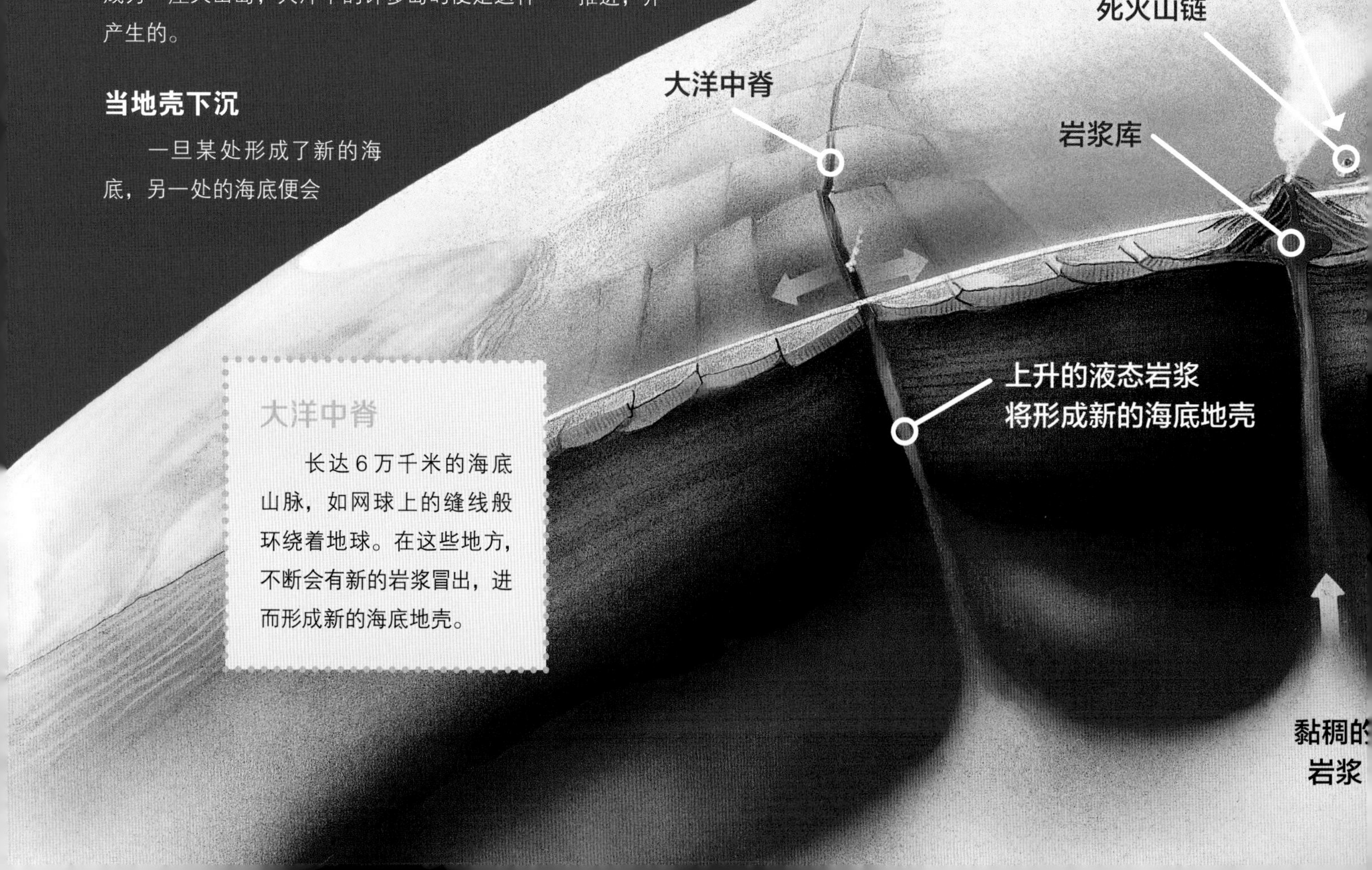

夏威夷群岛

夏威夷群岛是火山，这个岛弧是由一个深达地幔的热点所形成。位于其中最大岛屿上的冒纳凯阿火山，不仅是夏威夷群岛最高的高山，同时也可说是地球上最高的高山。因为，从海底到它的顶峰，共计有10205米高。

大洋中脊

长达6万千米的海底山脉，如网球上的缝线般环绕着地球。在这些地方，不断会有新的岩浆冒出，进而形成新的海底地壳。

且犹如焊枪一般将地壳烧穿。英语称这些炽热的地方为“hotspots”（热点）。热点不仅出现在海洋里，也出现在大陆上。以间歇泉闻名的美国黄石公园便是其中之一。事实上，黄石公园是座危险的超级火山，在它的下方，有个正打瞌睡的巨大热点。

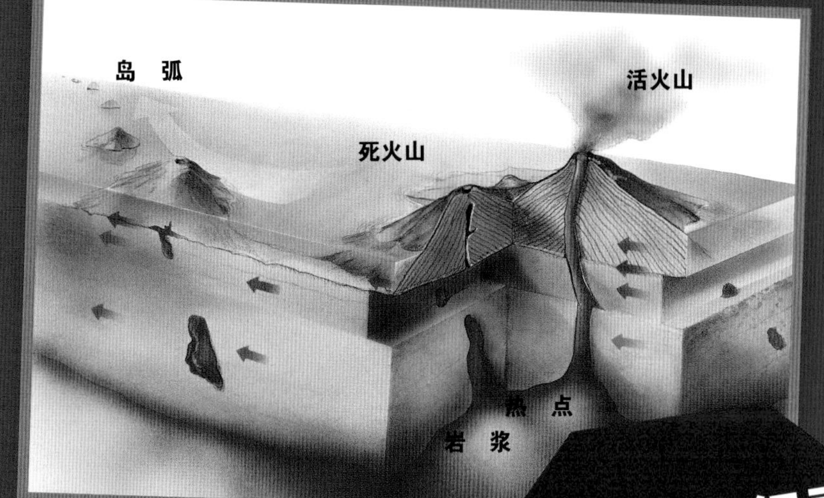

热点火山作用。包含地壳的岩石圈会从热点的上方移动过去。旧的火山喉管会被截断，新的火山喉管会继而形成。

火山纪录 每年10厘米

太平洋中移动最迅速的构造板块，以每年10厘米的速度相互分离。它们会引发地震与火山作用。

薄的海洋地壳

俯冲带

厚的大陆地壳

岩石圈

地球的最外壳，由海洋板块与大陆板块构成。此外，它还包含了上地幔的一部分。

俯冲带

在带有水和沉积物的海底板块从另一个构造板块下方沉入地幔之处，其中的物质会熔化并向上涌出。这里会形成特别容易爆发的火山。

上地幔

火山的内部

对于火山深处的面貌，火山专家们只能给予揣测。然而，由地球内部所传来的声响与地震波，倒是提供给他们描绘火山结构的重要信息。当黏稠的岩浆在岩浆库里流动时，便会引发震动与轰隆声。在这里，炽热的岩石与水，会在高压与高温下形成极具爆炸性的混合物，并且向上推挤。这些高温的物质经由主要与次要的火山喉管接近地面，在上升的过程中，它们还沿途“纠集”更多的岩石，直到岩浆从火山喷出，我们才能见到它们的庐山真面目。这些喷发出的液态岩石，称为熔岩。

1 爆炸式喷发会喷出大量的气体、熔岩及岩石。

2 原先的火山喉管与岩浆库会遗留下空穴。

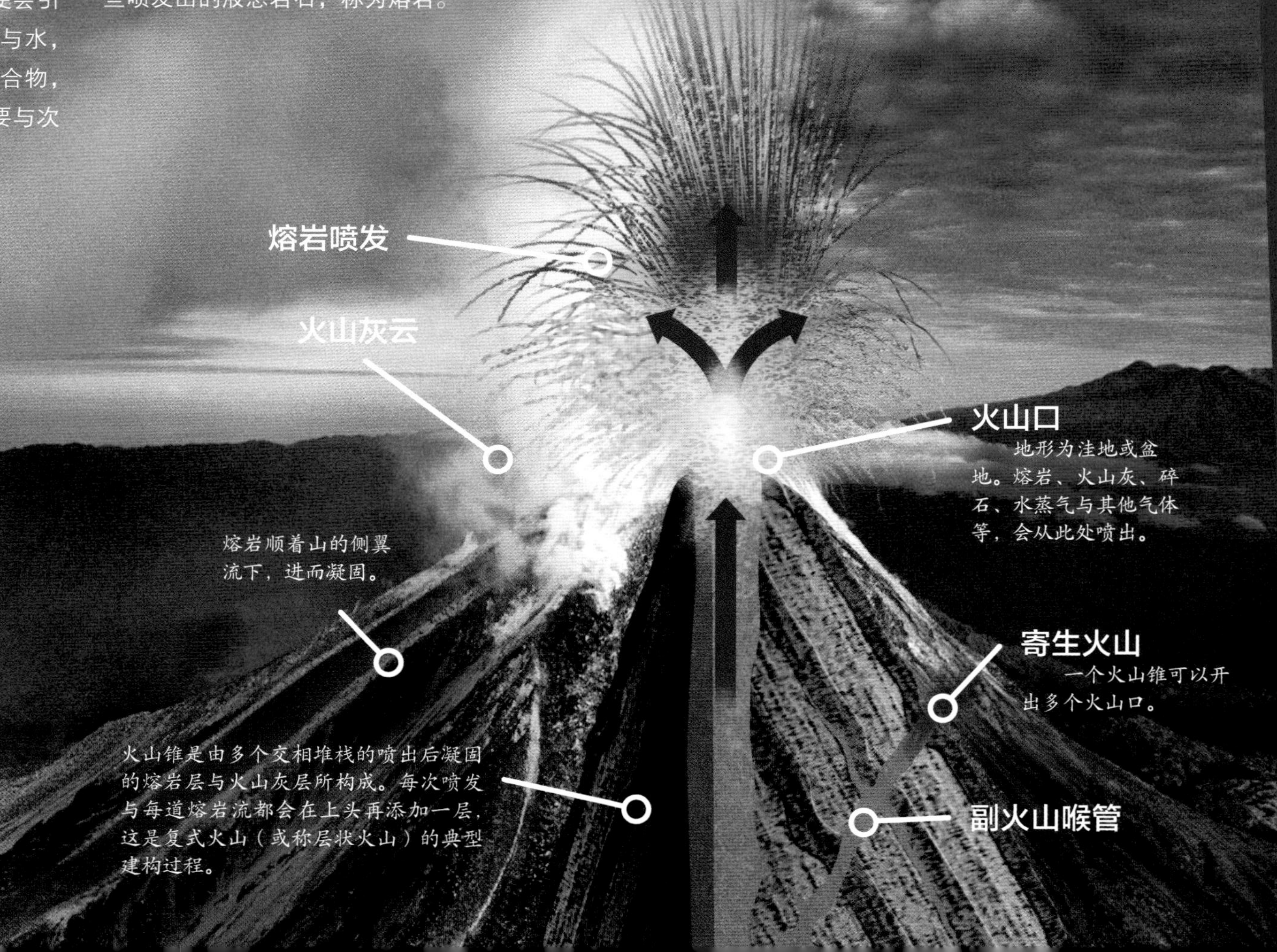

熔岩喷发

火山灰云

火山口
地形为洼地或盆地。熔岩、火山灰、碎石、水蒸气与其他气体等，会从此处喷出。

熔岩顺着山的侧翼流下，进而凝固。

寄生火山
一个火山锥可以开出多个火山口。

火山锥是由多个交相堆栈的喷出后凝固的熔岩层与火山灰层所构成。每次喷发与每道熔岩流都会在上头再添加一层，这是复式火山（或称层状火山）的典型建构过程。

副火山喉管

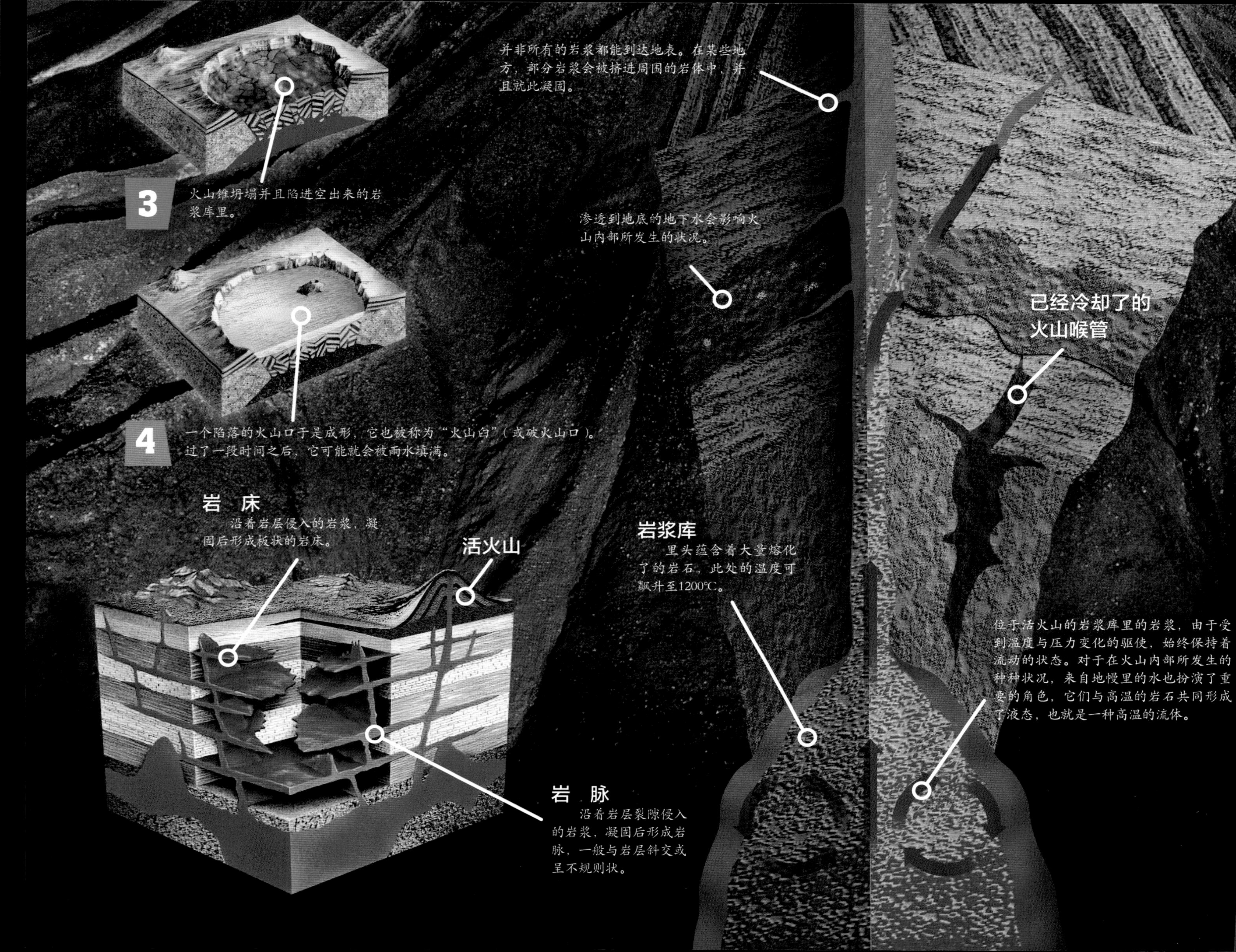

3
火山锥坍塌并且陷进空出来的岩浆库里。
4
一个陷落的火山口于是成形，它也被称为“火山臼”（或破火山口）。过了一段时间之后，它可能就会被雨水填满。
岩 床
沿着岩层侵入的岩浆，凝固后形成板状的岩床。
活火山
岩 脉
沿着岩层裂隙侵入的岩浆，凝固后形成岩脉，一般与岩层斜交或呈不规则状。
并非所有的岩浆都能到达地表。在某些地方，部分岩浆会被挤进周围的岩体中，并且就此凝固。
渗透到地底的地下水会影响火山内部所发生的状况。
岩浆库
里头蕴含着大量熔化了的岩石，此处的温度可飙升至1200℃。
已经冷却了的
火山喉管
位于活火山的岩浆库里的岩浆，由于受到温度与压力变化的驱使，始终保持着流动的状态。对于在火山内部所发生的种种状况，来自地幔里的水也扮演了重要的角色，它们与高温的岩石共同形成了液态，也就是一种高温的流体。

地球上的火山

在过去的1万年当中，地球上曾有超过1500座活火山。自人类有史以来，大约有500座曾经喷发过一次。然而，在我们的星球上，火山活动的区域其实分布得并不平均。在地壳板块相互碰撞的地方，特别容易形成火山，相较于其他地方，这里也更常发生地震。一般说来，这些地方一年到头可发生多达上百万次的地震。幸好，绝大多数地震都轻微而无害。值得一提的是，许多火山会沿着环太平洋地震带连成一条巨大的马蹄形火山带。地球上有许多火山藏在我们看不到的地方。大约有上千座火山位于深海里，它们会沿着中洋脊这个海底的巨大山脉分布。相反，某些位于非板块边缘下方的热点，则会将海洋地壳烧穿，进一步形成如夏威夷群岛那样的火山链。大洋洲是目前唯一没有任何活火山的大陆。可能的原因之一，就是因为它位于某个板块的中央。

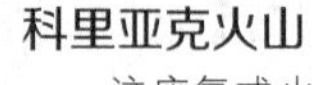

科里亚克火山

这座复式火山是俄罗斯堪察加半岛上多达160多座火山之一。在这个半岛上，目前还有29座活火山。此外，科里亚克火山还以它的温泉与间歇泉闻名于世。

富士山

这座雄伟的火山高达3776米。富士山是日本的精神象征，自古以来便被誉为神的住所。它最近一次喷发发生于1707年。富士山虽为一座活火山，所幸爆发的风险并不高。

环太平洋地震带

太平洋

塞梅鲁火山

照片中有3座印度尼西亚的火山。最后方的塞梅鲁火山与中间的婆罗摩火山都在冒着烟，而最前方的巴托克火山则是一片宁静。印度尼西亚是世界上火山密度最高的国家。在现存的近500座火山当中，有超过130座仍是活火山。

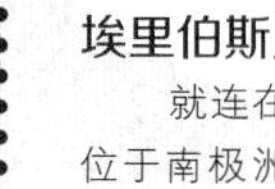

埃里伯斯火山

就连在南极洲也有火山。位于南极洲罗斯岛上的埃里伯斯火山，以其3794米的高度，成为寒冰大陆的最高峰。

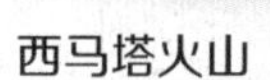

西马塔火山

这座火山位于萨摩亚岛附近1100米深的海域。在2009年，人类首次在这里透过潜水机械人，拍下了海底火山爆发的影片。

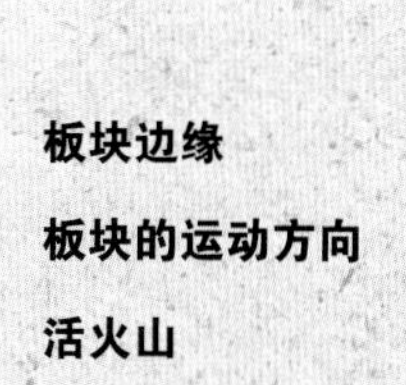

圣海伦火山

在1980年，这座位于美国西北部的火山吸引了全球的目光。当时这座火山的侧翼持续剧烈地隆起，最后终于上演了壮观的爆发场面。

艾雅法拉火山

当这座冰岛的火山在2010年3月爆发时，它所喷发的火山灰波及了整个欧洲。

斯特隆博利岛

这座意大利的火山岛位于西西里岛的北方。斯特隆博利岛一直活动着，每隔数分钟至数小时不等，便会出现一次或大或小、有如打嗝般的喷发。熔岩往往会回流火山口，不过有时也会沿着山坡流入海里。在这座岛的岸边目前有两个村庄，共有约600位居民。

尔塔阿雷火山

这座位于埃塞俄比亚的火山以它的熔岩湖闻名于世。属于东非大裂谷的一部分，而东非大裂谷则是非洲大陆分裂的地方。

帕雅查塔火山

在玻利维亚与智利边境的阿塔卡玛沙漠区，那里有一对火山兄弟，它们是帕里纳科塔火山与珀木拉普火山。这两座火山的高度都超过6200米。与安第斯山脉的所有火山一样，它们都是因为海洋板块挤入南美西岸下方而形成。

隆戈诺特山

这座肯尼亚的火山高度为2776米，属于东非大裂谷的一部分。在它的山坡上有许多山谷，上头则是茂密的森林，就连在火山口的底部，也长有较小的树木。

乞力马扎罗山

这座雄伟的山脉有3个山峰，分别为基博峰、马文济峰与西拉峰。其中5895米高的基博峰是乞力马扎罗山的主峰，同时也是非洲的最高峰。基博峰最后一次喷发大约是1700年左右。从那之后，它便处于平静的状态。目前尚存的火山活动仅限于气体喷发，也就是火山喷气孔的景观。

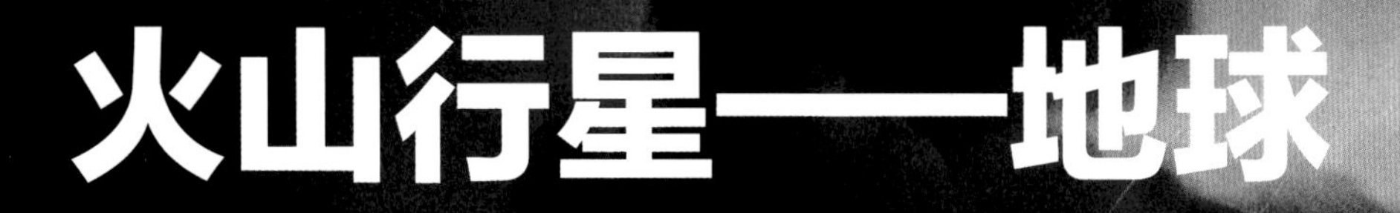

火山行星——地球

高达 3390 米的埃特纳火山，是欧洲最高且最活跃的火山。伴随着大量的熔岩，它还吐出了大规模的烟云。

火山弹、火山灰喷发、熔岩流等，是最壮观的火山奇景。然而，火山作用的有趣面貌其实不止如此。

高温气体

在许多火山区域，水蒸气与二氧化碳、二氧化硫、硫化氢等其他火山气体，会从裂隙或破口中逸出。当地下水被贴近地面的岩浆加热到一定高温，便会形成火山喷气孔的景观。

热腾腾的水

当大量的地下水受到岩浆加热，则会形成温泉。加热过的水在地底流动时，会沿途从岩石里溶出矿物质。当这些水到达地表而且冷却后，其中的固态物质便会沉淀，形成壮观的沉积现象，如石灰岩。

某些温泉，例如位于埃塞俄比亚的达洛尔，是由富含硫酸的温泉所构成，因此并不适合人

火山弹可如网球般大小，但也可能更巨大。

某些细菌在火山温泉中倍感舒适，它们会为温泉添上美妙的色彩。

火山气体逸出的地方被称为火山喷气孔。图中火山学家正在测量气体的温度与成分。如果发生了变化，便意味着火山可能即将喷发。

黑烟囱

温度高达 400℃的海底热泉带有含硫的盐，在与低温的海水接触后，便会形成黑色的烟。在这样的过程中，会逐渐形成长达 25 米以上的喉管。除了细菌以外，还有贝类、甲壳类、管虫等生物在附近生长。

进入其中浸泡。至于其他温泉，例如位于冰岛的蓝潟湖，不仅温度适中，而且泉水中的成分还对皮肤有益。因此蓝潟湖深受冰岛人喜爱，就连在寒冬中也乐于来此泡温泉。

跃动的水

在某些地方，地底的热水由于受到上方狭窄的出口阻碍、无法自由涌出，这些水在地下深处便会被过度加热至 250℃。到了某些时候，蓄积的压力便会将水冲向出口。这时压力会随之下降，而水则会如爆炸般气化为间歇泉。

170 米

在 1845 年，冰岛上的大型间歇泉曾将水喷到 170 米高。

间歇泉将温水射向高处。位于冰岛的史托克间歇泉，每隔 3 到 5 分钟，便会喷出一道高达 35 米的高温水柱。

每座火山各不相同

有些火山完全无害，它们只会流出稀薄液状的熔岩。相反，某些火山则会倾泻由黏稠的熔岩与气体所组成的火山碎屑流。黏稠的熔岩有时可能会像瓶塞那样将火山喉管塞住，如此一来，便会导致危险的爆炸。以位于南美附近的马提尼克岛上的培雷火山为例，当它在1902年爆发时，曾以速度超过每小时100千米的火山碎屑流侵袭了当地的首都圣皮埃尔，并且将该城夷为平地。在这场灾难中，原本将近有28000名的居民，仅有3人生还。像斯特隆博利岛这类火山，则相对较不具危险性。不过，它除了喷发蒸气与火山灰，还会喷发“火山弹”，也就是在空中凝固的熔岩。至于武尔卡诺岛这类火山，则属于较具爆炸性的类型。它的喷发物主要是黏稠的岩浆与大型的火山弹，喷发时犹如强烈的爆炸。另一方面，像维苏威火山这类火山，则会将火山灰与气体喷发到大气层里。每座火山都各不相同，状况可说有千百种。

平面形

盾状火山会让人联想到骑士盾牌。当流动性高的熔岩从火山口溢出并且分布到广大的区域，便会形成这类型的火山。换言之，熔岩在凝固之前，必须迅速且大范围的流动。这类火山会沿着火山口四周形成一个宽阔、扁平的火山锥。盾状火山多半会在主火山口旁形成较小的副火山口。像夏威夷这种盾状火山，由于其熔岩呈稀薄液状且不含大量气体，不易导致爆炸性喷发，因此可说是温和且无害的类型。位于夏威夷著名的冒纳罗亚火山，会上演一种特殊的自然景观：火红的熔岩会一路往大海开道，并且在嘶嘶作响与烟雾缭绕中沉入水里。相邻的冒纳凯阿火山虽然比冒纳罗亚火山高了几米，不过目前已停止活动。

锥　形

层状火山（又称复式火山或成层火山）所喷发的熔岩格外黏稠。

火山臼（破火山口）

当岩浆库在火山喷发时被快速清空，火山锥便可能会坍塌进已经清空的岩浆库里。这时便会留下一个火山盆地，也就是所谓的“火山臼”。上图为土耳其的内姆鲁特山的火山臼。直径长达7千米。在雪盖的下方，是一个155米深的火口湖。

你知道吗？

火山喷发物根据尺寸大小各有不同的名称。所有固体的喷发物，小于2毫米的称为火山灰，2至64毫米的小石头称为火山砾，大于64毫米的凝固熔岩则称为火山弹。

夏威夷的冒纳凯阿火山呈平坦状，属于盾状火山。当呈现稀薄液态的高温熔岩迅速且广阔的分布时，便会形成这类火山。

火山喷发的一切

水蒸气在四周化为雨(1)。除了液态熔岩与火山灰，还会逸出例如二氧化碳、二氧化硫等气体，其中有些是有毒的气体(2)。熔岩会在飞行途中凝固成体积较小的火山砾或体积较大的火山弹(3)。

位于南美厄瓜多尔的科托帕希峰是一座层状火山，高度为5897米。

这些熔岩富含硅酸盐。它们的流动速度缓慢，往往还在火山口附近便已凝固。黏稠的岩浆容易将火山喉管堵住，因此常会导致爆炸性的喷发。在喷发的过程中，许多火山灰会先被排出，这些火山灰被分裂成状似碎玻璃的小块火山岩，之后便会溢出熔岩。因此，在层状火山上，火山灰层与熔岩层就会反复这样交相堆栈。借由每一回的喷发，这类火山便逐渐增长成带有陡峭山坡的典型火山锥。而层状火山所喷发出的松散物质，也就是火山灰与火山砾，则会随着时间相互胶结。以这种方式形成的火山岩，称为火山凝灰岩。位于那不勒斯的维苏威火山以及西西里岛上的埃特纳火山，可算是层状火山的代表。

盆　形

火山臼是呈盆形的陷落火山口，它们的规模多半都很大。当火山的下方汇集了大量的岩浆与气体，便容易形成这种类型的火山。一旦熔岩被喷出，火山的下方便会留下一个巨大的空穴，空穴的顶部则会随着时间变迁而坍塌，在这种典型的火山口变化过程中，一个盆地就成形了。在这种火山臼的下方，多半都会有一座广达数千米的岩浆库。一座大型的火山臼，规模往往会超过100千米。然而，火山臼的形成并不必然代表着火山活动已经宣告终结，在盆地的中央仍有可能再增长出一座新的火山锥。在这样的火山臼底下，一头凶猛的火山巨兽正沉睡着，没有人晓得，这头巨兽会在何时再度肆虐。黄石火山可说是这类火山的代表，在它过去的数次爆发中，曾留下许多巨大的火山臼。

裂隙形

火山除了是经由管状火山喉管喷发外，在裂隙式喷发的类型里，熔岩会循着地壳长达数千米的裂缝或间隙溢出。熔岩会分化成个别的喷泉，并且分别以喷泉为中心形成许多火山锥。这些火山锥会沿着裂隙排列。1783年，冰岛的火山裂缝就喷发了，形成了拉基火山。当时约有体积13立方千米的熔岩从火山涌出，流向邻近的河谷，不仅堵塞了河道，还引发洪灾。即使是那些熔岩未曾流经的地方，也同样受到了灾难性的影响。因为火山灰与具有腐蚀性的含硫气体不但使植物尽数枯萎，就连人畜也连带死于酸液灼伤与饥荒。

位于冰岛的拉基火山是座典型的裂隙火山，它绵延了数千米。

火山灰乐园

位于冰岛附近的叙尔特塞岛，是在1963年时因海底火山喷发而形成的，炽热的熔岩使附近的海水蒸腾。

在冷却后的熔岩上终于长出了植物。2004年，北极海鹦在岛上筑起了巢。

1963年11月14日，在冰岛南岸，一群冰岛的渔夫意外目睹了一座新的岛屿从大海中隆起的过程。一开始，这群渔夫还在为闻到臭鸡蛋的气味而感到好奇。事实上，这股气味来自硫化氢，它们是火山活动时经常会释放出的气体。不久之后，渔夫们便看见从水里冒出了黑色的烟云。他们没有看到的是，在他们下方大约130米处，正在喷发着熔岩；因为那个地方是汪洋一片，有座海底火山正在下面翻搅着海水。当火山锥越接近海面，所冒出的水蒸气与烟也随即越多。最后，炽热的熔岩终于突破了海面，叙尔特塞这座火山岛就这么诞生了。第二天，这座黑色岛屿已经超过海平面10米。一个月之后，它更增高为150米。这座火山持续了4个多月危险的爆炸性喷发，它的火山灰云有时高达10多千米，直冲上大气层。从开始喷发到经过了3个月之后，在原本的火山口旁，又增加了一个火山口，直到半年以后，熔岩喷发的趋势才慢慢减缓。

大自然占领了叙尔特塞

目前，仅有取得特许的学术研究人员才能登上这座岛。叙尔特塞提供了一个难得的研究机会，学者们可以借此了解动、植物是如何移

你知道吗？

在海洋里存在着成千上万的海底火山，这些海底的山是许多动物物种的故乡，就连鲔鱼和鲨鱼也喜欢群聚在这些海洋的绿洲里。

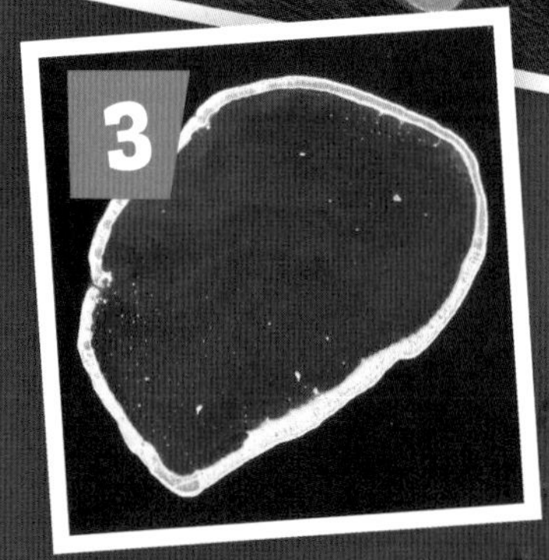

从火山到环礁

1. 活火山：珊瑚会在海岸附近生长，并且在贴近水面的下方构筑岸礁。

2. 熄灭了的火山如果逐渐下沉，位于火山前缘的裙礁会耸立于海面。

3. 位于中间的火山岛完全沉到水面下，只剩下围绕着平坦潟湖的圈状环礁。环礁是由死去的珊瑚骨骸所构成，只有在可供珊瑚生长的热带温暖水域才能形成环礁。

诞生于烈焰中的南海乐园：火山岛促成了热带水域里的环礁。

居到这里的，生物又是如何在一个没有人类影响的环境下发展的。这座年轻的火山岛起初寸草不生、空无一物。可是，过了两年之后，熔岩上已经有苔藓与地衣依附。它们的孢子借由风力或是洋流之助，来到了这座岛上。又有如苍蝇与蝴蝶等昆虫，也跟着来到此地。至于其他的昆虫，例如蜘蛛或甲虫等，则是以漂流木为浮筏，流落到这座荒岛上。截至目前，叙尔特塞已有 370 多种昆虫。植物与昆虫会进一步吸引鸟类前来，海鸥在这里建立了家园，接着，鸟类又将新的种子带到这座岛上。某些鸟类，例如燕鸥，会在这里长期定居；相反，候鸟只会利用这里作为休息的中继站。海滩上有成群的海狗与海豹晒着日光浴；虎鲸则在一旁虎视眈眈。在附近的海域里，群聚了许多海星、海胆以及海螺。而在低浅海域的岩石上，生长了许多海草与海藻。在短短 50 年中，原本不毛的熔岩与火山灰孤岛，在陆上或水底都变成了生物的天堂。

不确定的未来

当火山喷发在 1967 年宣告落幕时，叙尔特塞也以 2.7 平方千米达到其面积的极致。到了 2011 年时，这座岛的面积只剩下原有的一半，风、雨、海浪使得叙尔特塞一直缩减，侵蚀作用不断地吞噬这座小岛。几个世纪之后，这座小岛恐怕会再度从陆地上消失。

火山的诞生

墨西哥农夫狄奥尼西奥·布力多曾意外地与一座火山相遇。事情发生在 1943 年 2 月 20 日。当时，狄奥尼西奥·布力多正与家人在玉米田里工作。忽然间，地上竟冒出浓烟，四处弥漫着硫黄的臭味！就在地面隆隆作响后不久，石头与火山灰开始冲向空中，并且逐渐堆栈成一座小丘。狄奥尼西奥正是这座火山诞生时的目击者。隔天，这座火山已有 10 米高。到了第三天，它的高度甚至增长到了 50 米左右。这座火山持续不断地喷发。过了一年之后，它的高度已经累积为 336 米。对于狄奥尼西奥与其他的农夫来说，这可是一场灾难，因为他们虽然多了一座火山，原本的农田却没了！那些辛苦耕种的农作物，全都被埋进了火山灰底下。火山熔岩毁灭了帕里库廷村，这座火山后来也以此为名。如今，整个村子只剩教堂的钟塔矗立在凝固的熔岩堆里。值得庆幸的是，由于熔岩的流速相当缓慢，村民们都能逃往安全的地方避难，只有 3 人不幸死于雷击。那是因为火山喷发时，曾经引发强烈的火山雷。一直到 1952 年，也就是过了 9 年以后，这座火山才平静下来，当时火山锥的高度已达 424 米。

墨西哥农夫狄奥尼西奥·布力多当时就在现场，他亲眼看见了从他的田里长出了一座火山的过程。

帕里库廷火山属于环太平洋火山带的一员。在墨西哥，环太平洋火山带从太平洋延伸至墨西哥湾，贯穿了整个墨西哥。

帕里库廷村除了村里的教堂外，整个被埋进了熔岩里。

波波卡特佩特火山对于相隔仅70千米远的墨西哥市是一大威胁。

墨西哥的火山

墨西哥也是个火山密度很高的国家。帕里库廷火山是其中最年轻的一座。不过，最有名的要数波波卡特佩特火山。这座火山一再喷发出炽热的岩浆与火山灰。因为它的岩浆特别黏稠，容易在火山喉管里形成巨大的压力，所以波波卡特佩特火山可说是世界上最危险的火山之一。由于它靠近墨西哥市与普韦布洛等墨西哥的大城市，这座火山的动静一直受到严密的监控。

→ 火山纪录

3000万

目前有超过这么多的人口居住在波波卡特佩特火山区域里，也就是以火山为中心的100千米范围内。

稀有的自然奇观：有时雷雨风暴会凑巧出现于正在喷发的火山上空，并且击入火山灰云里。

为何在火山喷发之际有时会出现闪电？

当火山灰云产生放电的情况，人们便称这样的现象为“火山雷”。这是由于微小的火山灰粒子相互碰撞导致摩擦生电。这就像我们用一块布去摩擦气球一样。经过摩擦，电荷被分开。这时气球会充满电，因此可以吸起头发或小纸屑。虽然气球上的电力不至于造成什么灾害，可是火山却能形成极高的电压，制造出闪电这种极具危险性的放电现象。图中是喀拉喀托火山在喷发时所形成火山雷。

维苏威火山——主宰了庞贝城的命运

庞贝城的居民

这幅壁画所画的是富有的面包坊老板特连堤乌斯·尼奥和他的妻子。他的宽长袍与手上的卷轴透露他曾是庞贝城里有头有脸的人物。

距今约2000年前的一场大灾难，让一座位于那不勒斯湾旁的罗马古城毁于一旦！这座举世闻名的古城便是庞贝。当时曾有2万多人居住在维苏威火山的山脚下。这片肥沃的土地盛产葡萄与橄榄，为居民们带来了富饶的生活，大家在此安居乐业，却没人料到，让人们丰衣足食的火山竟也会带来一场灾难！当时没有人知道早在800多年之前，这里就曾发生过一场巨大的自然灾害，这全是因为维苏威火山是一座反复无常的火山。

一场大灾难

公元79年8月24日上午10点左右，维苏威火山爆发了。当时整座山剧烈地摇晃，一连24小时不断有岩石与火山灰从晦暗的天空中落下。大多数的居民对于维苏威火山的首波活动都不敢掉以轻心，他们很快逃离城市。然而，还是有超过3000个居民，被包覆在这座城市上的炽热火山云夺走了性命。奴隶与他们的主人就这样死在民宅、酒馆，甚至大街上。此外，还有一些家犬与正在推石磨的驴子，也在灼热的火山灰里窒息、被烧焦。整座城市最后全都被厚达7米的火山灰与火山渣湮灭。

目击者

小普林尼曾以一篇感人的记录描绘了这起骇人的事件。透过他的陈述我们得知，他的舅舅，也就是老普林尼，原本打算去抢救友人，可惜就连自己也不幸窒息于有毒的气体里。后来火山学家便将公元79年维苏威火山的这种喷发形式称为普林尼式喷发。它所指的是，当火山喷发时，会一连数小时甚至数日发生强烈的气爆，在爆炸的过程中，火山灰与岩石会从火山喉管喷出，接着形成致命的云雾后再度落到地面上，进而将一切全都摧毁。

别墅里珍贵的壁画证明了庞贝城的居民享有傲人的富裕生活。

考古学家将整座庞贝古城完整地挖掘了出来。由于火山爆发的影响，整个罗马古城就这么被保存下来。

坎皮佛莱格瑞

在那不勒斯以西有一个火山活动的区域，人们将这里称为坎皮佛莱格瑞，意思就是“燃烧的地方”。这里会从地下冒出蒸气与烟，而且地面还不时会隆起或下沉。坎皮佛莱格瑞与维苏威火山同属于一个巨大的火山系，这个火山系的岩浆库深藏地底。39000 多年前，坎皮佛莱格瑞曾发生过一次大规模的喷发，惨遭蹂躏的面积大约为 3 万平方千米。如果它再次喷发，欧洲大部分的地区恐怕都会遭殃。

这个男人被炽热的火山灰给掩埋，虽然尸体已经腐烂，但火山灰留下了坚硬的空壳。考古学家用石膏浇灌这些空壳，制成雕像。

圣海伦火山——猛爆的火山

自1980年起，地质学家在观察圣海伦火山的动静时，总是保持安全距离。

在1980年时，圣海伦火山向世人展示了爆发的威力！这座位于美国西北部的火山，可说是世界上最美的火山之一。每年有大批游客来此旅游，只为一睹大自然的奇景。在那之前的数十年光阴里，圣海伦火山一直保持着宁静祥和的姿态，后来终究还是蠢蠢欲动了起来，大地一反常态，频繁地发生剧烈震动。在一个月之中，科学家们就观察到，这座山的北翼已有明显的隆起。在火山的内部显然有熔岩正在上升，并且从里头不断推挤山的侧翼。巨大的能量逐渐积聚起来，这时唯有通过爆炸才能将它们释放出来。然而，就连专家们也无法准确预测火山爆发的时间点。因此，以防万一，只好先将民众们疏散出危险区。

灾难发生了

1980年5月18日，在一场剧烈的爆炸中，岩浆喷泻而出。短短几分钟之内，山峰与山坡便裂了开来。爆炸之际，某些被抛出的石块，其速度甚至超过了声速。接下来的10多分钟里，火山灰云上升了将近19千米高。在火山的喷发物中，还包含了由火山碎屑与水混合而成的灼热泥浆，也就是火山泥流。这些物质以大约每小时250千米的速度从山上滚滚而下，而爆炸的冲击波加上强大的火山碎屑流，更将成千上万的树木如火柴棒一样折断。一连数日，周围的地区都还不断有火山灰飘落。

火山喷发中，约有1500头驼鹿、5000头成鹿与幼鹿，以及1200万条鲑鱼丧生。这场浩劫夺走了57条人命。其中有些人是因为拒绝撤出危险区域，有些人则是因为好奇。他们原本只是想要近距离欣赏火山爆发的奇景，怎料竟弄丢了自己的性命。火山学家戴维·强斯顿也在这场灾难中不幸罹难。他的观察站设在距圣海伦火山10千米以外的地方，而且位于地势更高之处。他原本相信这个地方是安全的，万万想不到，还是受到火山碎屑流的波及。

大规模喷发

圣海伦火山于1980年的喷发，其规模远远不及已知最大型的喷发。曾经有些火山喷发的威力，强大到让地球大部分地区都受到波及。当年圣海伦火山爆发时，仅喷发了0.4立方千米的岩浆。210万年前，黄石火山爆发所喷发的岩浆数量，足足比圣海伦火山多了6000倍。而坦博拉火山于1815年爆发时，曾导致方圆上千千米的区域歉收与饥荒。幸好威力如此强劲的火山喷发并不多见。

黄石火山
210万年前（最早喷发），北美
2450立方千米

长谷火山
76万年前，北美
580立方千米

坦博拉火山
1815年，印度尼西亚
50立方千米

喀拉喀托火山
1883年，印度尼西亚
10立方千米

皮纳图博火山
1991年，菲律宾
4.8立方千米

圣海伦火山
1980年，北美
0.4立方千米

幽灵森林：爆炸的高温焚毁了数以百万计的树木。

火山口

山的北翼在喷发中被炸开，原本火山口的外形整个遭到破坏。

火山泥流

火山灰和火山岩与融化的冰和雪混合成滚滚的泥浆。

圣海伦火山的高度在喷发时减少了约400米。在喷发后的起初几年，还一直有气体与火山灰云从火山口冒出。

重　生

过了30年之后，大自然又重新收复了这片曾经荒芜的土地，幸存的树根与种子在肥沃的火山灰里发芽、茁壮，地鼠与两栖动物也因躲在地底而逃过了一劫。至于湖里，再度有鱼儿游动。大约经过短短的50年左右，人们从地貌上将难以看出1980年时这里曾发生过一场灾难！

喀拉喀托火山——像个老烟枪!

印度尼西亚这个岛国拥有 2.5 亿人口，其中有不少人就居住在火山附近。1883 年 8 月，在苏门答腊附近的一座无人岛上发生了一场灾难——喀拉喀托火山爆发了！虽然它的爆发并不出人意料，可是影响的规模却大到超乎想象。事实上，这场不幸在它发生之前便做了预告。在火山爆发前的几个星期里，地震频频发生，不久，更有渔夫见到从火山里冒出了烟柱。当时地面的缝隙裂开，火山灰分别从 3 个火山口涌出并且落在岛上。到了 8 月 26 日，终于发生了第一次大型的爆发。就连相隔 35 千米远的凯廷邦村的窗户与地面也都震动个不停。而接下来的多起爆炸，每回都激起相当高的巨浪，冲击苏门答腊与爪哇岛的沿海。第二天早上，喀拉喀托火山的 3 个火山口同时喷发，惊人的爆炸威力清空了火山底下的岩浆库，随后海水便倒灌了进来。当时火山被炸开了一大半，高温的海水在蒸腾着。上午 10 点左右，最大规模的爆炸登场了！在这场爆炸当中，将近 20 立方千米的岩石与火山灰被喷入了大气层。烟柱在上升数千米进入大气层之后，便逐渐扩散到全世界。整座岛约有三分之二沉入海里，并且因而引发了毁灭性的大海啸。超过 40 米高的巨浪吞没了邻近的海岸。这场最终爆炸的轰然巨响，就连远在 5000 千米以外的地方都能听见。澳大利亚有些羊群甚至还因此受到了惊吓。在这场灾难中，前后共有约 36000 多人丧生。

海　啸

有些毁灭性的巨浪，是由海底的地震或火山喷发引起的。

喀拉喀托火山

1883 年的一场大爆炸，戏剧性地将喀拉喀托火山炸开，并且在海里留下一个超过 6 千米大的火山臼。在 1927 年时，从火山臼里涌出了烟云，接着在短短一年之内，便形成了一座新的岛屿。这座岛屿名为阿纳喀·喀拉喀托，意即“喀拉喀托之子”。

多巴火山爆发后，遗留下了一个巨大的火山臼，就是现今内有萨莫西尔岛的多巴湖。这座湖长 100 千米、宽 35 千米。

火山爆发指数

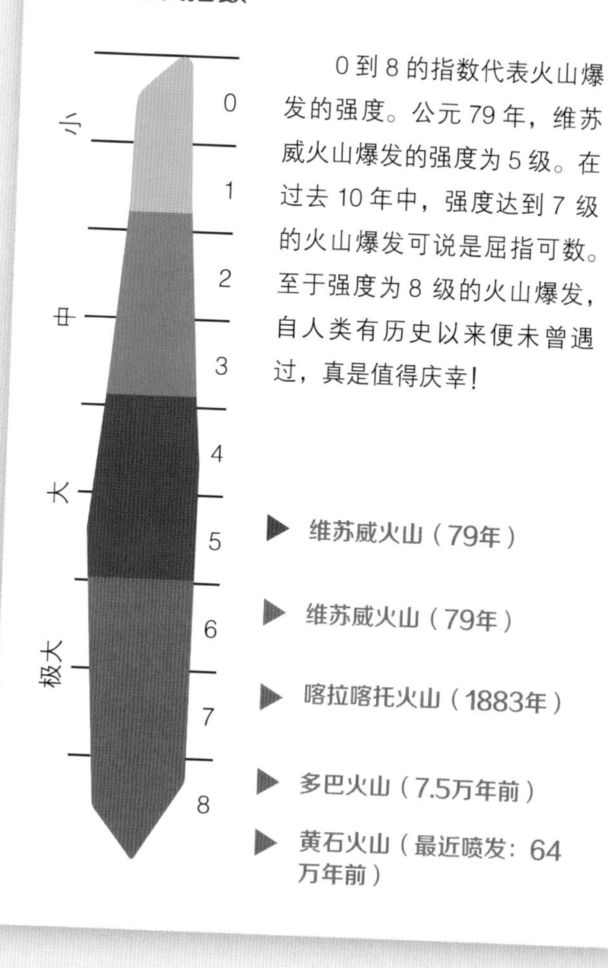

0 到 8 的指数代表火山爆发的强度。公元 79 年，维苏威火山爆发的强度为 5 级。在过去 10 年中，强度达到 7 级的火山爆发可说是屈指可数。至于强度为 8 级的火山爆发，自人类有历史以来便未曾遇过，真是值得庆幸！

超级火山——多巴火山

当一座超级火山爆发时，全球都可能会受到它的影响，这样的爆发已经发生过许多次，而且随时都有可能再发生。所幸如此大规模的爆发十分罕见。自从人类有历史记载以来，还从未遇到过超级火山爆发的情形。最近一次超级火山爆发，发生在大约 7.5 万多年前。关于这一点，我们可以从格陵兰的冰盖里所钻取的岩心得知，在这些岩心里，包含了火山灰与含硫的火山气体。当时多巴火山是在印度尼西亚的苏门答腊岛上爆炸的，大量的气体与火山灰被喷入大气层，一朵遍布全球的巨大乌云将阳光给遮住，地球的平均温度因此而下降，迎来了一个长达数年的火山严冬。部分科学家甚至认为，那时人类一度濒临绝种。

在多巴火山爆发后，全球大约只有 1 万人挺过了那段艰苦的岁月。

黄石火山——超级火山

游客们惊奇地注视着全球最著名的间歇泉——"老忠实喷泉"。

当一座超级火山喷发时，全球都能感受到它的威力，它不但会毁灭大片区域，更会对气候造成长时间的影响。值得庆幸的是，如此大规模的喷发并不常见。然而，话说回来，下一次的超级火山喷发究竟会在何时发生，谁也说不准。位于美国怀俄明州的黄石国家公园里，经常会传来嘶嘶作响的沸腾声。高温的泥坑咕噜咕噜地冒着泡，地缝里逸出难闻的气体，而间歇泉则会一再将泉水喷往高处。每年有超过 300 万人前来此地，为的是就近一窥这样的自然奇景。这些观光客置身之处，其实就是一座超级火山。只不过，黄石火山的外形不太容易被看成是一座火山。当一座超级火山爆发时，威力极为强大，被喷出的岩石碎屑与熔

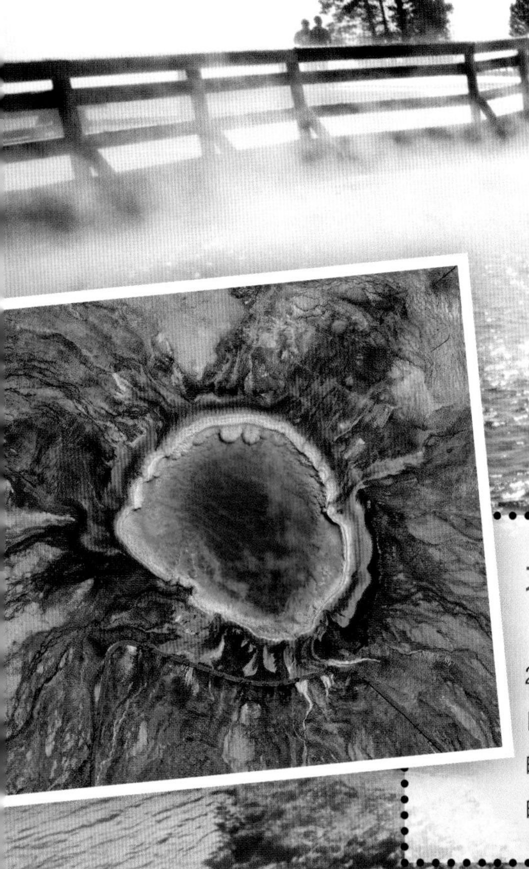

大棱镜温泉

这座美国最大的温泉每分钟会涌出 2000 升的热水。它色彩缤纷的边缘是源自耐热的微生物（细菌与古菌），它们有的富含大量的叶绿素，有的则富含红色的类胡萝卜素。

黄石国家公园的美景，全拜它本身是座超级火山所赐。

一头美洲野牛正在温泉旁。

岩并不会堆积成一个火山锥，反而会塌陷成一个巨大的盆地。这样的盆地被称为火山臼。通常人们从地面上不易辨识出它的外形，唯有从空中鸟瞰才能看清它的面貌。

计时中的定时炸弹

在离游客脚下仅数千米深的地方，有座巨大的岩浆库，它的长度为 60 千米，宽度为 40 千米，当中蕴藏着大约 1.5 万立方千米的岩浆。它的高温会让间歇泉喷向高处，让泉水沸腾，这些能量有朝一日也可能引发一场剧烈的火山喷发。一旦黄石火山爆发，恐怕会造成人类有史以来最强烈的火山喷发。当 64 万年前，黄石火山最近的一次爆发时，现今美国半数土地都被它的火山灰所掩盖。如果再度爆发，方圆 50 千米内的区域都将被摧毁，而它的火山灰雨也将波及美国大部分的地区。那时候，全美国都将陷入一片混乱，就连地球上的其他地方，也难以幸免，将饱尝气候恶化的苦果。下一回黄石火山再度爆发时，很有可能会达到火山爆发指数的第 8 级。如此一来，它的喷发物将使我们的星球陷入长年的阴暗，造成气温大幅降低，很可能引发新的冰期。

下一回的超级爆发

黄石火山曾经在 210 万年前、130 万年前以及 64 万年前各爆发过一次。科学家相信，它的下一次超级喷发应该会有预兆。因此，他们小心翼翼地监视着这座火山。目前已经建立了一个十分密集的监测站网络。这些相当灵敏的监测站，记录了地震、地面抬升与下沉的情形。迄今为止，所测得的结果全都显示，黄石火山尚且处于平和的状态，换言之，目前并没有任何火山爆发的迹象。

黄石国家公园及其火山臼是这样形成的。在上升岩浆的压力下，地壳里形成了大量通往深处的裂缝。

地壳最终再也无法承受上升的压力，火山便以剧烈爆炸的形式喷发，并且形成一座巨大的火山锥。

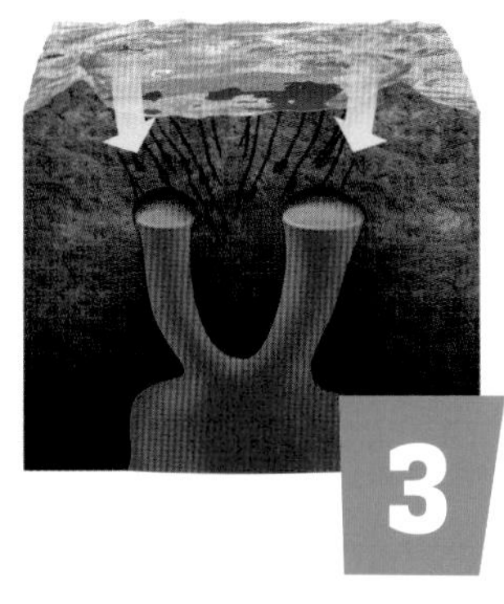

火山锥的上部坍塌，从而形成一个陷落的火山口，也就是火山臼。自从上回大规模的喷发之后，熔岩又继续往上推挤至距离地表仅几千米深的地方。

外星火山——真的是在外星！

阴暗的月海是从前火山作用的遗迹。如今月球大致上已经冷却，再也没有活跃的火山作用。

并非只有我们的星球上才有火山冒烟、怒吼，在别的星球上同样也有火山。过去这段时间里，太空探测卫星已到过太阳系的所有行星。借由探测卫星传回地球的照片与数据可以证明，在太阳系的其他地方，现在或过去的确存在着火山作用。虽然在许多行星及其卫星上都布满了大量的坑洞，可是却只有少部分是源于火山。它们多半是因为陨石撞击所形成的陨石坑。

火星上的巨型火山

1971 年，当太空探测卫星水手 9 号环绕火星，并将其表面的照片传回地球时，人们可以从照片上清楚看到一些巨大的火山锥，它们比地球上的任何火山都更为高大。其中最高的一座，火星专家将它命名为奥林匹斯山，从底部算来，它的直径有 600 千米，高度则有 26 千米，顶部有一个直径为 70 千米的巨大火山臼。奥林匹斯山是座平坦的盾状火山，就这一点来说，它可以算是夏威夷冒纳罗亚火山的外星大哥。在地球上，由于热点的上方一直有构造板块在移动，因此地壳会不断被烧出新的孔洞，并进而形成新的火山锥，可是在火星上却没有这种会移动的板块。奥林匹斯山一共花了两亿多年的时间才长成如此巨大的规模。未来登上火星的宇航员，其实无须担心会遇上火山爆发。因为火星基本上已经冷却，而奥林匹斯山也早已经熄灭。

金星上的“煎饼”火山

金星被认为是个地狱般的行星，它的火山气体不仅将大气层加温，更造成了极度严重的温室效应。借助雷达眼，太空探测卫星穿透金星浓厚的云层观察到，金星上除了陨石坑以外也有一些巨大的火山。到目前为止，金星上很可能还一直有火山在活动着。“麦哲伦”号金星探测器传回来的照片显示，金星的火山具有一些平坦的穹顶，也就是所谓的煎饼穹顶，其中最大的一个直径约有 60 千米。

火山卫星“伊奥”

在环绕木星的至少 92 颗卫星当中，“伊奥”（木卫一）可以说是特别有趣的一颗。它是太阳系中最活跃的卫星之一，它的气体喷泉可以激射 250 千米，之所以这么高，是因为体积不大的伊奥引力很小，而且几乎没有大气层。

月球上的火山

即使用肉眼，一般人多多少少也都能看得出月球上一些火山作用的痕迹。月海，也就是月亮上的一片黑色平原，那其实是一些巨大的熔岩旷野。它们多半是在大约 35 亿年前因强大的熔岩流所形成。当时，呈稀薄液状的熔岩将一些巨大的陨石坑给填满。透过望远镜所见到的月球上的坑洞，多半是受到陨石的撞击形成。虽然宇航员曾在月球上发现一些较新的火山遗迹，不过如今月球上也没有任何活火山了。

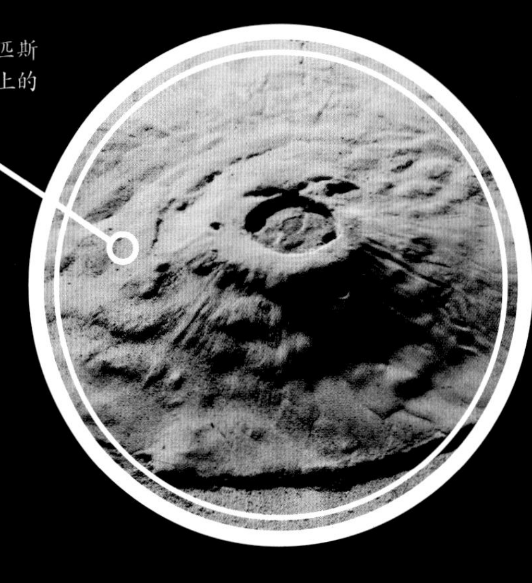

没有比这个更大的了——火星上的奥林匹斯山。这座太阳系中最大的火山，让地球上的所有火山都相形失色。

木星的卫星伊奥上的火山作用。这个蓝色的气体喷泉从地表向上喷射了上百千米高。

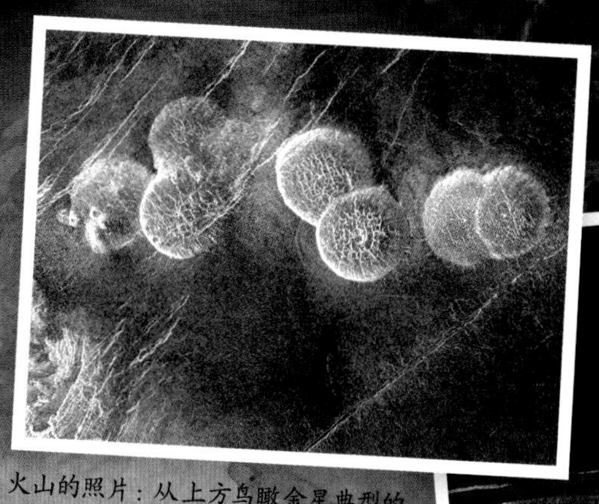

火山的照片：从上方鸟瞰金星典型的“煎饼”火山。到目前为止，很有可能金星上还一直有火山在活动着。

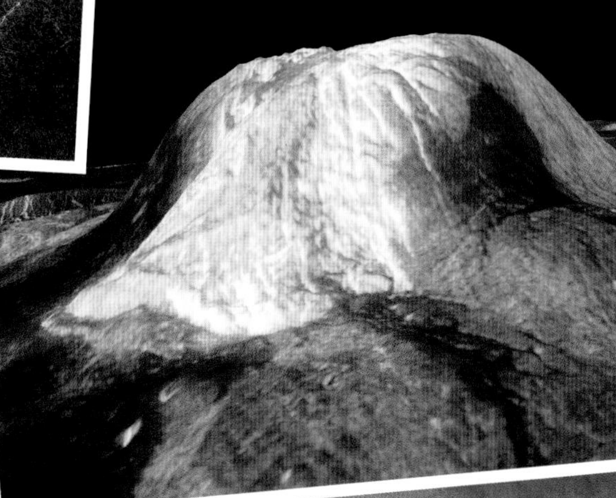

从侧面看来，这些“煎饼”的确是火山的圆形山峰。

高温的工作！火山学家正在采集熔岩的样本。防火面罩可以保护脸部免受辐射热的危害。

火山在望

即便火山看起来毫无动静，火山学家们还是会紧盯火山，哪怕是火山最微小的活动，都会引发他们高度的关注。这些动静有可能是轻微的地震，这讯息透露了在火山的内部一直有什么东西在作用着。如果是岩浆在火山喉管里蹿升，便会在地震仪上显示微小的振幅。这些科学家们最刺激、却也最危险的工作，莫过于亲临火山喷发的现场。为了彻底认识某座火山，他们会亲自对火山从头到脚地进行研究。除了采集气体、熔岩与岩石的样本，以供日后在实验室里进行研究，他们还会借助计算机分析地震仪所测得的数据或是人造卫星所拍到的照片。火山学家想借此了解火山内部究竟有什么事正在发生，进而有能力去预测火山爆发。

火山学家必备的知识与能力

火山学家在地质方面具有丰富的学识，对于地壳的构造及其形成的过程，都了如指掌。

他们不但知道各种岩石与矿物的名称，还清楚这些东西的化学成分。身为地质学家，他们不仅对地球的结构有深入了解，也很明白地壳的海洋板块与大陆板块如何相互作用。火山学家还知道，地球的磁场是如何形成、如何改变的，而人们又要如何测量它。此外，火山学家还必须分析测量仪器所测得的数据，并且借助安装有特殊运算程序的高效能计算机来进行研究。

火山纪录

1200℃

熔岩温度可高达1200℃。唯有在穿戴防火衣与高压气瓶的情况下，人们才能暂时处在满是高温与有害气体的危险环境。

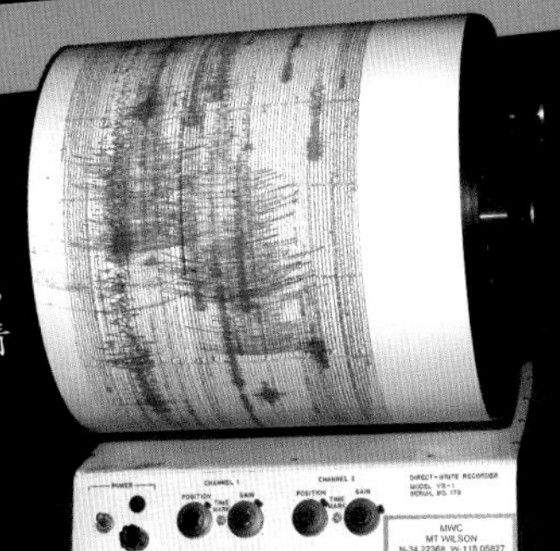

火山活动引发了地震，地震仪会将震动的情况记录下来。

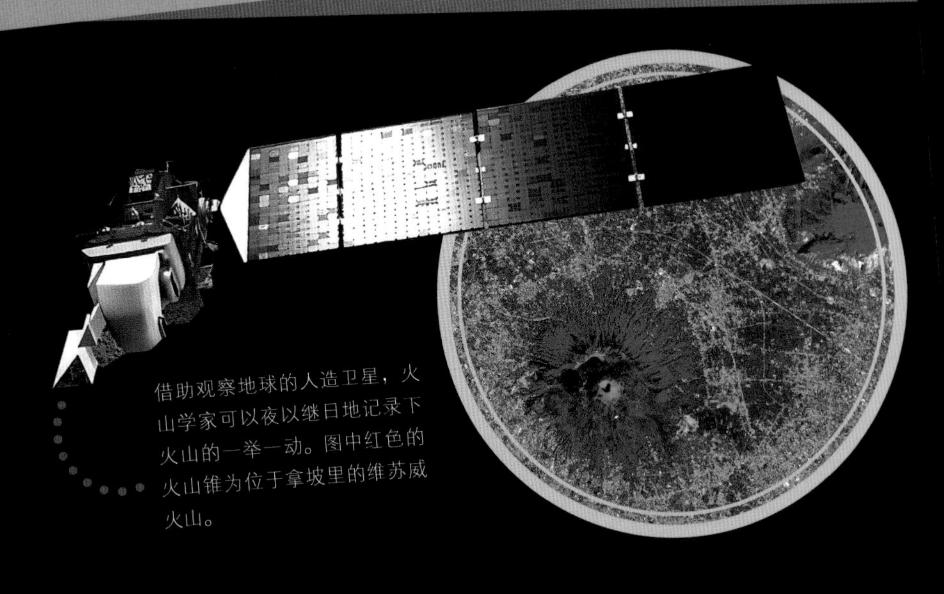

借助观察地球的人造卫星，火山学家可以夜以继日地记录下火山的一举一动。图中红色的火山锥为位于拿坡里的维苏威火山。

火山学是团队合作

在火山里所发生的各种事件是十分复杂的，因此火山学家往往会与其他领域的专家们携手合作。他们会将研究成果发表于学术期刊上，有时还会前往世界各地，在国际性的研讨会上发表演说，或是与其他同行一起参与某些新的研究计划。火山学家会监视特别危险的火山，当危险来临时，他们会发出警告，请居民们疏散到安全的地方。

经验丰富的火山学家会将相关知识传授给学生，为了要观察火山并采集样本，他们的足迹经常遍及世界各地。许多旅程往往是某个大型研究计划里的一部分，而且在很久之前便已事先做好了规划。有时，当某座火山发生了出人意料的频繁活动迹象，火山学家就可能被临时召唤聚集，他们得运用自己丰富的知识与经验，帮忙评估火山爆发可能会带来的风险。

危险的职业

火山学家的工作充满危险，不过他们也明白其中的风险，因此会十分小心。毕竟，他们的工作还涉及拯救其他人的性命。然而，仍有部分的火山学家，因为自己的求知欲而丧失了宝贵的生命。例如，法国的火山学家克拉福特夫妇（莫里斯与卡蒂亚），便不幸丧生于 1991 年日本云仙岳的爆发中。当时，连同他们两人在内的 43 位科学家与记者，全都遭到火山碎屑流的波及。从那之后，人们更进一步发展出能够从安全距离外观察火山的方法。

既湿又热！一位潜水员正在西西里岛附近的一座海底火山的火山口测量温度。

保持安全距离

如何在不危害到自身的前提下，去帮助数以百万计与活火山共存的人们呢？苏格兰物理学家安德鲁·麦克戈尼格，一直在寻找能可靠预测火山喷发的新方法。为此，他将心思花在了小型遥控飞机上。透过架设在机上的摄影机，他可以用游戏杆遥控飞机飞入既危险、又难以抵达的火山口中央。机上所搭载的高感度探测仪器，可以侦测出气体流的成分与强度。这些资料有助于预测一场可能发生的火山爆发，其准确度超越了目前所能使用的各种方法。

火山学家与他们的装备

火与冰

位于南极洲罗斯岛上的埃里伯斯火山，灼热的熔岩流塑造出了这个冰窖。地质学家感兴趣的是熔岩，而生物学家则努力在土地或冰块里寻找新的生物。事实上，在这座冰窖里，的确存在着能适应这种极端生活环境的特殊细菌。

为了研究火山，火山学家往往得前往世界各地的偏远地区。要前往火山的所在地，通常都不是件简单的事，一般说来，这可能要花上好几天的工夫。例如，要去探索位于俄罗斯堪察加半岛上的火山，或是南极洲的埃里伯斯火山，就必须事先做好详尽的规划。装备、保暖衣物、口粮等，都是火山学家所必备的。有时候，火山学家也会搭乘直升机飞往他们的研究基地。最令人兴奋的莫过于在活火山的现场进行实地研究工作。这些科学家们除了采集熔岩与气体的样本，还会测量火山喷气孔的温度变化，并观察地貌是否发生改变，关注地面隆起的情况，并测量由火山灰新形成的锥体。除了携带测量与记录的仪器，火山学家必须穿戴防护装备与防护衣。由于他们往往要攀登高山，同样也需要登山装备，而随身携带头盔与防毒面具也十分重要。在火山学家的一切工作中，优先考虑的还是安全因素。

防护面罩

内置的头盔可以保护头部。上有金色涂料的面甲，可以保护面部与眼睛不受高温的危害。

手　套

当火山学家在采集熔岩的样本时，用防火纤维做成的手套可以保护双手。

防护衣

为了采集熔岩的样本，火山学家穿上了防护衣。衣服上的银色铝涂层能反射热辐射。但在防护衣里，他们几乎听不见、也感受不到四周所发生的一切。万一发生了危险，他们也很难迅速地逃离现场。因此，这些防护衣并不受火山学家们的青睐。

望远镜

借助望远镜，火山学家一方面可以探路，另一方面可以在保持安全距离的情况下观察危险的区域。

火山学家

上火山时必备的工具

背包和登山装备

火山学家经常在山里奔波，头盔可以保护他们的头部免受落石伤害。绳索可以帮助他们垂降到火山口。他们的背包里装有测量仪器、样本容器、卫星定位系统和地图。当然，最重要的还有口粮。

温度计

火山学家可以用它来测量地面或逸出气体的温度。利用热电偶甚至还能测出火红的熔岩的温度。

防毒面具

防毒面具可以保护火山学家免受有毒、具腐蚀性的气体以及危险的火山灰的危害。

鞋

火山学家经常得出入一些艰苦的环境。为此，他们会穿上鞋底坚固、耐热的鞋子。即便在表面极为粗糙的熔岩上行走，鞋子也不会很快就磨损。

地质锤与放大镜

火山学家多半都学过地质学，使用地质锤可以从岩石上敲下样本。借助放大镜，可以观察岩石是由哪些矿物所组成。岩石会透露许多与火山的历史及特性有关的事。

一位火山学家正在监测刚果的尼拉贡戈火山，这座火山最近一次活动是在 2021 年。

人类有能力控制火山吗？

火山可说是既强大、又顽固。可惜的是，到现在还没有哪位科学家能找到控制火山的办法。火山喷发时会释放出巨大的能量，需要极大的力量才能与之抗衡。即使曾有抵挡住熔岩流的例子，也是屈指可数。例如在隶属于冰岛的赫马岛上，当地的居民就曾耗费多时，利用海水将熔岩流“驯服”。1973 年，位于赫马市正后方的一座新火山无预警地喷发了。这座火山名为艾尔德菲尔，在冰岛语里就是“火山”之意。

居民对于火山喷发其实早有准备，还拟定了妥善的应变计划。在短短几个小时内，便可将岛上近 5300 个居民全都送往安全的地方。不过，当时却有一批自愿加入救灾的勇者选择留在岛上，为了拯救家园，他们决定冒险与火山对抗。

与火山的战斗

壮观的熔岩喷泉从火山里倾泻而出，整个城市也被厚达 8 米的火山灰层所覆盖。更糟的是，熔岩流也往港口流去，眼看港口就要被熔岩流堵塞了。由于岛上的居民多半都以捕鱼为生，港口可说是这个城市的命脉。在没有选择的情况下，火山救援队只能与熔岩背水一战。这些勇敢的救援队花了数十天的时间，利用大大小小的水管，抽取冰冷的海水浇灌到炽热的熔岩上。强力马达透过水管源源不断地将冷水送往熔岩流经的地方。还有船只在岸边也帮忙将水洒到熔岩上。起初，熔岩流丝毫不受影响，恣意吞没了许多房屋，上百栋建筑物就这么被毁了。

慢慢地，救援队所做出的努力开始起效。就在因海水与熔岩瞬间接触而蒸发的大量蒸气中，熔岩逐渐冷却下来。前后到底耗费了多少的海水？从遗留在熔岩上的海盐便可窥知一二。在这场救援中，总共浇灌了将近 22 万吨的海水。

如何帮火山戒烟？

方法 1

方法 2

方法 3

成果傲人

最后，熔岩流总算停滞不前，而港口也在救援队的努力中被保住了。这场灾难过后，一些高达 40 米的熔岩墙遗留了下来。这些墙从此便为城市的居民阻挡了冰冷的冬季风暴的侵袭。而只能静待其逐渐冷却的熔岩流，则被居民们拿来作为加热的能源。此外，居民们还利用喷发出的火山岩扩建机场、填海造陆，并且在新生地上建造了 200 多间房屋。赫马岛上的居民就这样将原本凶暴的火山变成了他们的好邻居。

让熔岩改道

2001 年，西西里岛的居民曾经成功地让埃特纳火山熔岩流改道。他们一连数日用挖土机挖了一条引导熔岩的通道，还堆砌了一些数米高的堤防。就这样，岛上许多房屋得以幸免于难，否则它们肯定会被熔岩吞没。

赫马岛：在巨大的黑色熔岩墙上，逐渐又长出了植物。

居民们连续一个多月用海水冷却熔岩。岛上的港口总算逃过一劫。

1973 年，赫马市遭受熔岩流的威胁。所幸，居民们最终成功地阻止了熔岩的肆虐。

人能逃离熔岩的魔掌吗？

菲律宾皮纳图博火山，1991 年：冲天而起的烟柱高达 40 千米，16 千米宽的火成碎屑流流入村庄。这是 20 世纪威力最大的火山爆发之一。

熔岩经常会从火山口或土地裂缝涌出，并且形成火红、炽热的洪流，从山坡上滚滚而下。夏威夷群岛这个最年轻且规模最大的火山链，它的火山便是以熔岩流闻名于世。熔岩流动的速度有部分是取决于它们的化学成分与温度。人们最好不要待在熔岩会经过的地方，因为即便是流动缓慢的熔岩，也可能具有高度的危险，万一被两股不同的熔岩流所包围，几乎没有生还的机会。

高温，小心！

一般说来，熔岩的温度大约介于 800 至 1200℃之间。这比比萨烤炉还要热上许多。因此，火山学家在采集液态的熔岩样本时，会穿戴防火的手套与面罩，来保护双手及面部不受强大的热辐射危害。此外，他们多半会避免直接面向高温熔岩，有时还得穿上特制的银色防护衣，以便将热辐射反射回去。

熔岩流具有极大的破坏力，无论是树木、汽车、街道，甚至是整座村庄，都会被它吞没。所有诸如木材或橡胶等可燃物，一旦与它接触，便会立刻引燃。唯有大量的水，才能阻止这样的狂流肆虐。

火山纪录

50 千米

喀拉喀托火山于 1883 年爆发时，曾形成宽达 50 千米的火山碎屑流。

在摄影队的陪同下，一位地质学家正在采集熔岩样本。在坚硬的熔岩盖底下，炽热的熔岩正以每小时 6 千米的速度流动着。

夏威夷的基拉韦厄火山熔岩，吞没了一条道路。

熔岩的流速有多快？

有时熔岩的流速仅有每小时10到100米。在这种情况下，人们便可从容不迫地躲开它。不过，有时熔岩却也可能会高速流动。例如，在夏威夷群岛喷发的熔岩流，便曾以超过每小时60千米的速度从山坡上滚滚而下。这已经超越了一般人骑自行车的速度。在这种情况下，尝试脱逃也只是徒劳无功！

熔岩流动的速度，还受以下几个因素影响：熔岩本身是稠还是稀、山坡是陡还是平、熔岩冷却的速度是快还是慢。有时熔岩流的表面会形成一个凝固的外壳，人们还可以在上面行走，尽管下面高温的熔岩还在流动着。当熔岩流干之后，便会遗留下一个空心的熔岩隧道。

泥　流

火山学家称火山泥流为“拉哈尔”（源于印度尼西亚爪哇语），虽然它们并非由熔岩所构成，可是同样具有高度的危险。它们就有如高温未固结的水泥，会以每小时160千米的高速从山坡上倾泻而下。在冰岛，由于当地的火山多半都被冰川的冰所覆盖，因此引发火山泥流的概率特别高。一旦火山喷发时将冰融化，致使融化的冰水与火山灰及岩石碎块混在一起，便会形成这种火山泥流。而在热带地区，万一火山所喷发的大量火山灰遇上了暴雨，同样也会形成火山泥流。以印度尼西亚的火山为例，火山泥流会让这些火山变得更加危险。

夏威夷的自然奇景：熔岩流遇上低温的海水方才止步。

火山碎屑流

最令人害怕的莫过于火山碎屑流。火山碎屑流是由火山灰与高温气体所组成的致命组合，它们同样会以极快的速度从山坡上奔腾而下。在这片炽热的云雾里，大大小小的熔岩碎块就仿佛是被放在气垫上抬着走。火山碎屑流常发生在形成于俯冲带边缘的火山，由于这些火山容易形成黏稠的熔岩，因此气体很难从熔岩里散逸。熔岩会缓缓地从输送管里涌出，并且形成一个熔岩穹丘，一旦有部分的熔岩挣脱了这个塞子，便会一下子释放出大量高温的气体。一起被喷发出的熔岩碎块会在它们落往山谷的途中爆裂开来，不断地释放出更多的气体，促使整个火山碎屑流一路持续暴长。火山碎屑流的速度可达每小时400千米以上。其中的巨大高温更增添了它的破坏力，在800℃的高温下，根本没有什么东西能够抵挡得了它的侵袭。

不是只有危险而已

火山不仅会造成高温的熔岩流、火山泥流以及危险的火山碎屑流，还会将岩石碎块（有时大如房屋）抛向空中，或是用火山灰及硫酸污染大气层。它们会破坏农作物，伤害人畜，甚至引发海啸。光是上一世纪，便有超过 7 万人因为火山喷发而丧命。然而，全球还是有超过 5 亿人无视危险，生活在活火山的附近。为什么会这样呢?

肥沃的土地

在有火山灰增添养分的土地上，植物会生长得特别好，因此，农夫们喜欢将他们的农田与园圃设在火山的山坡上。属于环太平洋火山地震带一部分的印度尼西亚，最有利于种植稻米的地方，莫过于那些紧邻火山的区域。在这些地方，农夫每年可以有 3 次收成。换作其他地方，每年则只有 1 次收成。在意大利，最好的葡萄就生长在维苏威火山的山坡上。而在中美洲，人们甚至会将咖啡种植在火山口里。

来自地底的能源

在我们的脚下有个几乎是取之不尽、用之不竭的能源库。因为，我们这个星球有百分之九十九的部分，都处在超过 1000℃的高温状态。虽说在某些地区，要利用这样的能源仍然不太经济，不过，有些地方的人已能从地球的内部获取能源。这与驱动火山爆发的能量，是同样的来源。

火山国

冰岛虽名为冰岛，实际上却是个拥有火山、温泉与间歇泉的炎热国度。

在冰岛的某些地方，地下水会被加热到 350℃。随后，便会冒出地表。冰岛人不仅会在冬天

来自冰岛的香蕉

在冰岛，即使是在阴暗的寒冬与冰冷的环境中，还是能够长出花朵、西红柿与香蕉。火山的温泉提供了热能。此外，地热发电厂则提供了温室照明所需的电力。

感谢火山，提供了能让冰岛人放松身心的温泉。

火山地区的土地特别肥沃，因此，人们在死火山的火山口里种植开垦，图中的亚速尔群岛即是如此。

你知道吗?

你大概没想到，自行车的发明还得感谢两个世纪前发生在地球另一端的一场火山爆发呢！1815年，位于印度尼西亚的坦博拉火山爆发，并且将上百立方千米的火山灰喷入了大气层。当时全球的气候都受到了影响，农作物也因而歉收，即便是与印度尼西亚相隔遥远的欧洲也不例外。由于火山喷发导致谷物短缺，人们没有多余的粮食饲养马匹或劳役马。卡尔·冯·德莱斯男爵为此构思出了一种不需喂食的交通工具，发明了“踏轮”。因此也可以说，是一场火山爆发促成了自行车的发明与推广。

泡温泉，还利用这些热水提高住宅与公共场所的温度。冰岛的某些人行道与道路装设了地面加温设备，这样道路便不会结冰，省去了扫除冰雪的麻烦。

德国的地热

在德国，地热将扮演越来越重要的角色。只不过在能够利用它们之前，得先往地底钻探大约4000米深。在这样的深度，岩石的高温可以将水加热成可供利用的水蒸气。

火山电力

在冰岛的某些地方，地下水的温度特别高。在这些地方，人们可以利用钻孔与输送管运送那些被过度加热的蒸气，借此来推动涡轮机。而这些涡轮机再去推动发电机，这样的发电机就如一部巨大的自行车发电机。只不过，它将大量的电力输送到电线里。地热发电是一种十分环保的能源。目前有许多机构都考虑将它们耗电的数据中心迁到冰岛来。

火山的宝藏

已停产的俄罗斯钻石矿坑米尔内矿坑。这个金伯利岩火山喉管是在1954年被发现的。从那时起，前后一共向下挖掘了525米深。矿坑最上层的直径为1250米，矿工们从最下方移动至最上方，需花费2个小时。

较大的钻石原石会被雕琢成闪闪发亮的钻石。

这是火山母岩里的钻石原石。要想找到钻石，必须寻找金伯利岩。

真是坚硬无比！要是没有火山，就没有大自然里最坚硬的物质——钻石。钻石其实只是碳的另一种形式。钻石要形成，极度的高温与高压是不可或缺的。而地球的内部正好具备了这样的条件。在地球表面，我们所承受的压力只有一个标准大气压，等同于空气作用在我们身上的压力。相反，在地下150千米深的地方，深埋在那里的重岩石，则会制造出一股高达5万个标准大气压的压力，温度则可高达1200℃。在这种极端条件下，碳原子的排列会转变成钻石结构。同样的，如果没有火山，我们也无法取得这些贵重的宝石。因为火山会利用熔岩经由火山喉管将钻石输送到地表。世界知名的钻石产区分别位于俄罗斯、澳大利亚以及南非。像是含有钻石的母岩，也就是所谓的金伯利岩，便是根据它在南非的发现地金伯利而命名。而一些大的宝石晶体，例如粉色的绿柱石或是绿色的橄榄石等，也都可以在火山岩的空穴中找到。此外，火山的熔岩里还富含诸如铜、银、金等金属。

用火山熔岩来建筑

凝固后的熔岩是一种十分坚固且能隔热的建材。用火山岩所筑的墙，冬天时能让室内保

黑曜岩

当熔岩迅速冷却，便会形成这种火山玻璃。在石器时代，当时的猎人便曾利用黑曜岩制作尖锐的箭矢与矛头。

在逸出火山气体的地方，往往都能见到黄色的硫结晶。

火山与橡胶

火山喷气孔是排出高温气体的地方，如果那里的气味闻起来像臭鸡蛋，便是含有有毒的硫化氢。另一种较常出现的气体则是二氧化硫，当它们与氧和水结合，便会形成具有腐蚀性的硫酸。在上述两种情况下，最好佩戴防毒面具。当含硫的气体冷却下来，便会形成由闪亮的黄色硫结晶所构成的外壳。若是在高温下将黏糊糊的生胶与硫混在一起，便能形成具有弹性的橡胶。人们将这种重要的化学过程称为“硫化”。可以这么说：没有火山就不会有轮胎或内胎，更不会有自行车了。

你相信吗?

文学史上第一部恐怖小说的诞生，还得感谢位于苏门答腊的坦博拉火山在 1815 年的爆发。由于火山爆发的缘故，导致第二年的夏天变得阴雨绵绵且极为寒冷，即使是在欧洲也不例外。在这种情况下，英国女作家玛丽·雪莱放弃了前往瑞士的阿尔卑斯山，而在温暖的炉火旁构思出《科学怪人》这部巨作。

来自地球内部的火成岩：当玄武岩的熔岩逐渐冷却后，便会形成五至八角状的玄武岩柱，正如照片中位于北爱尔兰的巨人堤道。玄武岩是十分坚硬的建材，可用来铺设道路。

温，夏天时则可阻绝室外的高温。由于这种建材已经过火山烈焰的淬炼，因此它们也具有防火的功能。不只是熔岩，就连固化的火山灰，也就是所谓的凝灰岩，同样可以将它们切割成小块，用来建筑道路、桥梁与房屋。

在我们这里也有火山!

离德国最近的活火山位于意大利。由于臭名昭彰的维苏威火山表现得很平静，因此，位于西西里岛的埃特纳火山便因为一再喷发，成为人们经常谈论的对象。在斯特隆博利岛，火山喷发的奇景甚至已经成为信誉的保证！因为这座火山在一天当中总会喷发数次。德国也有火山，只不过目前并没有发现活火山，最著名的火山景观——埃菲尔火山，大约在 11000 年前，曾喷出了烈焰与火山灰。这是最后一次在德国发生的大规模火山喷发。对于当时石器时代的人类如何应付那场灾难，如今我们只能透过一些蛛丝马迹加以揣测了。这座火山虽然未再喷发，可是并不代表它已经完全熄灭。因为持续还有小规模地震发生，而且不断有火山气体从地底上升到地面。也就是说，在地底深处，始终还是存在着一个高温的岩浆库。

究竟何时这座火山会再度喷发呢？可能会在 100 万年或 50 万年之后，但也可能会提早。谁也说不准！

你感到好奇吗？

位于德国多因的“埃菲尔火山博物馆”，以及门迪希的德国火山博物馆“火山穹丘”，在那里你可以体验到，当拉赫湖火山爆发，中欧部分地区被火山灰掩盖时，究竟发生了什么事。直到今日，拉赫湖下方的温度还是比其他地方要高上许多。存在下方的岩浆库，还是会不断释放出二氧化碳。在埃菲尔火山的某些地方，还可以看到由当时落下的火山灰堆积而成的火山灰层。

低平火山口（火口湖）的形成

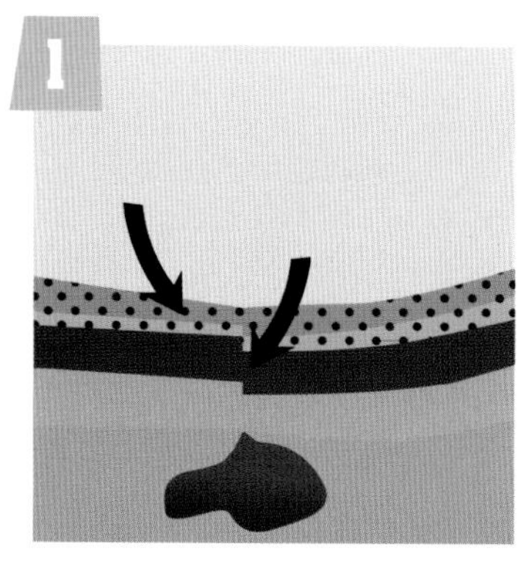

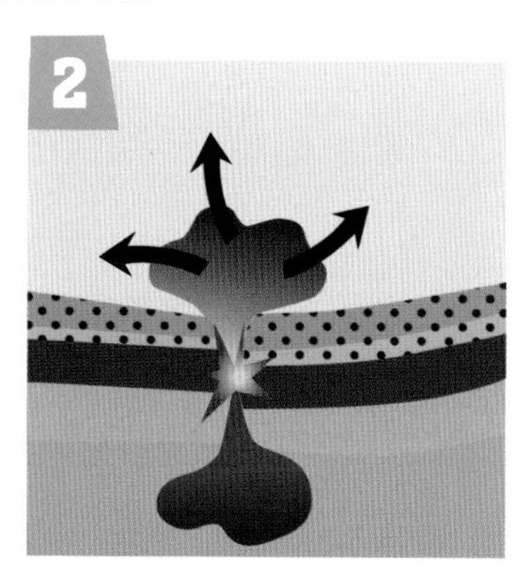

4

当炽热的熔岩与低温的地下水在地下数百米的深处相遇，便会形成低平火山口〔1〕。在这个过程中，会形成足以导致爆炸的大量水蒸气。随着压力逐渐积累，最后便会爆发〔2〕。位于上方的岩石与熔岩被抛出，形成一个火山口〔3〕。之后，漏斗状的火山口会逐渐被水填满〔4〕。在这样一个湖里戏水时，我们不妨想想，下方深处有座火山，还一直在咕噜咕噜作响。

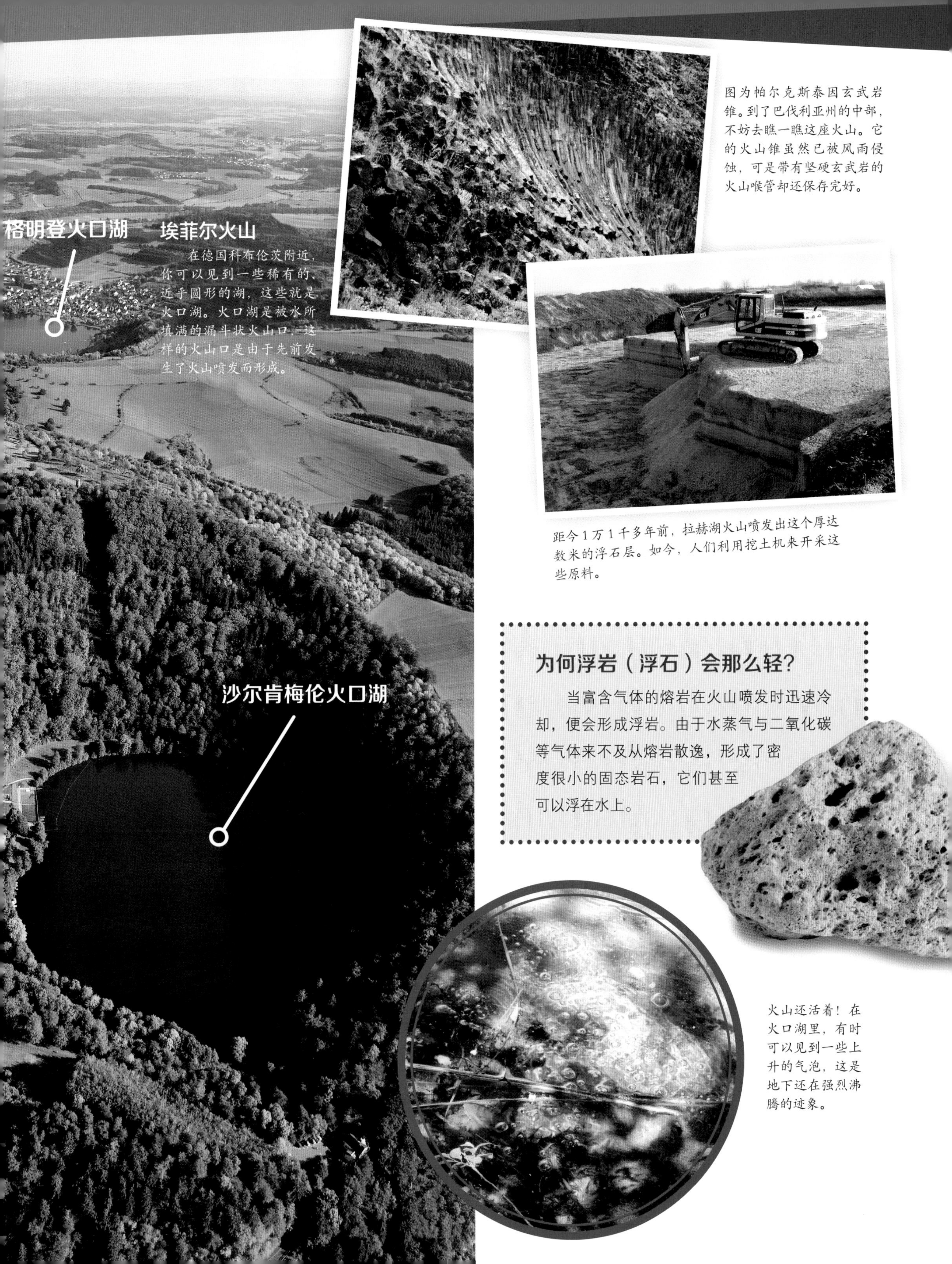

埃菲尔火山

在德国科布伦茨附近，你可以见到一些稀有的、近乎圆形的湖，这些就是火口湖。火口湖是被水所填满的漏斗状火山口，这样的火山口是由于先前发生了火山喷发而形成。

图为帕尔克斯泰因玄武岩锥。到了巴伐利亚州的中部，不妨去瞧一瞧这座火山。它的火山锥虽然已被风雨侵蚀，可是带有坚硬玄武岩的火山喉管却还保存完好。

距今1万1千多年前，拉赫湖火山喷发出这个厚达数米的浮石层。如今，人们利用挖土机来开采这些原料。

为何浮岩（浮石）会那么轻？

当富含气体的熔岩在火山喷发时迅速冷却，便会形成浮岩。由于水蒸气与二氧化碳等气体来不及从熔岩散逸，形成了密度很小的固态岩石，它们甚至可以浮在水上。

火山还活着！在火口湖里，有时可以见到一些上升的气泡，这是地下还在强烈沸腾的迹象。

访问脾气火爆的家伙

姓名：埃特纳火山——勤劳的家伙
类型：和蔼可亲
嗜好：吐烟圈

探访火山除了到环太平洋火山地震带之外，在欧洲，同样也有一些名气响亮的火山。例如意大利那不勒斯的维苏威火山，以及西西里岛的埃特纳火山，它们可说是两种不同的典型。我们勇敢的、大无畏的、不怕火的记者先生，分别走访了这两位脾气火爆的意大利老兄。

我很爱吐烟圈。

我年轻时的肖像。早在1669年时，我就是个老烟枪。

可以耽误一点时间，请教你几个问题吗？

快问吧！我可是埃特纳，全世界最忙的一座火山。我简直是一刻不得闲，就连明天该做的事，我今天就已经想好了。

什么事呢？

当然是喷发啊！有时弱一点，有时强一点。2008年时，我曾十分忘我地疯狂大喷发！

你有多高呢？

大概介于3200米到3350米之间。你就直接写：我是全欧洲最高且最勤劳的火山！在过去这段时间里，没有任何一座火山的喷发次数会多过我。

你是属于哪种类型的火山呢？

复式火山，也就是独立的层状火山。独立就是比较酷！

你有多大年纪了？

60万岁。就我们火山来说，其实并不算老。

什么是你的招牌特色呢？

除了在山顶上有4个火山口，我还有很多副火山口。大大小小全部加起来，大概有400来个。我会透过它们发出低语，有时也会从这些地方挤出一些熔岩与火山灰。

你觉得维苏威火山怎么样？

维苏威火山是一座堵塞了的火山。如果你的熔岩不好，就会变成那样。关于这一点，他应该有自知之明。像我的熔岩就比较稀，可是没有人对这个有兴趣……

埃特纳火山一直在工作。不过它其实并不会很危险。因此，它是深受火山学家所喜爱的研究对象。

好吧，接下来，我得去拜访一下维苏威火山了。谢谢你接受访问！

姓名：维苏威火山——恶名昭彰的家伙
类型：具有致命的危险性
嗜好：偶尔发飙

我在 1774 年喷发时留下的特写画像，值得一看！

你就是鼎鼎大名的维苏威火山！能不能和我们谈谈，把整座城市毁灭究竟是什么感觉？

呃，那是盘古开天时候的事了，何必再去提呢！

不、不，我所指的是赫库兰尼姆与庞贝，当时是公元 79 年，整件事情说起来有点残酷！

这事见仁见智吧！举例来说，有些考古学家就兴致勃勃地带着铲子跟刷子跑到这里来。当他们挖到当时我还烘烤了一下的老面包时，无不欢欣雀跃呢！

你是否可称作是一座“性情中的火山”？

我会把你的话当作是赞美。烈焰、熔岩、漂亮的喷发……我喜欢！

也有人说，这全是因为你的熔岩不对才会这样。

胡说！这话到底是谁讲的?

有人说，你或许是堵塞了。

一定是埃特纳火山在那边嚼舌根，这个老烟枪！埃特纳是个胸无大志的家伙，就喜欢在那边用小火慢炖。

是吗？

我可是一座超级火山呢！

超级火山，哇！

早在 3 万 9000 年前，我就曾发过一次飙。如今要是再来一次，恐怕你就笑不出来了！到时候，不仅那不勒斯没了，罗马被埋入灰烬里，就连阿尔卑斯山也都会被火山灰覆盖！

说些具体的好了，你有多高呢？

1283 米。好吧，我承认，我并不是特别高大。可是在破坏力方面，我的实力不容小觑！

究竟什么时候会发生这样的事呢？

嘿嘿，我才不告诉你咧！我讲的已经够多了，天机不可泄露！

这是维苏威火山陡峭的火山口，最近一次爆发是在 1944 年。

名词解释

在高温气体从火山逸出的地方，往往会形成华丽的硫结晶。

火　山：火山是一个由固体碎屑、熔岩流围绕着其喷出口堆积而成的隆起的丘或山。

火山灰：细颗粒状的火山喷发物。火山灰粒子状似玻璃，具有尖棱。

玄武岩：当富流动性的熔岩缓慢冷却，便会形成玄武岩。它们会呈五至八角形的柱状体紧密排列。

浮　岩：松散、多气孔的火山岩，岩石中含有大量的气孔。浮岩的密度很小，它们甚至可以浮在水上。

火山臼：由于火山锥的顶端塌陷到它下方的空穴里所形成的盆状洼地，火山臼的直径可达数千米。

岩　脉：地壳中的裂隙，熔岩会渗入其中并凝固成如墙一般的结构。

地　核：地球的最内部。地核的直径约为 2700 千米，由铁和镍组成。

大陆漂移：地壳是由多个板块所组成，这些板块漂浮在黏稠的地幔上，并且推移着彼此。就是在这样的情况下，板块逐渐分离。

火山泥流：在火山爆发时，混在一起的水与火山灰，会化为滚滚泥流向山谷倾泻。

地　壳：地球最外的薄层，它构成了海底与大陆。一般说来，海洋地壳大约只有 5 至 6 千米厚，大陆地壳则有大约 20 至 30 千米厚。而在某些巨大的山脉下方，地壳甚至可以厚达 70 千米。

间歇泉：会周期性喷发水与水蒸气的火山温泉。诸如冰岛与美国的黄石公园都有间歇泉。

热　点：地壳下方高温的地方，炽热的熔岩会从这些地方到达地表。

岛　弧：弧状的火山链。岛弧会在俯冲带附近形成，多半与海沟平行。

海底扩张：两个海洋板块会沿着中洋脊相互背离。在这种情况下，会形成一道裂隙。来自地球内部的熔岩会往这里填补，从而持续形成新的海底。

火山口：火山的漏斗状部分。熔岩、火山灰与气体等，会从这里被抛出。

熔　岩：在火山喷发时从火山里流出的熔化的岩石。

火山弹：当熔岩从火山里喷出并且在空中随即凝固，便会形成火山弹。

岩　浆：还存在于地底下熔化的岩石。一旦涌出地表，人们便改称它们为熔岩。

黑曜岩：迅速凝固形成似玻璃的岩石。黑曜岩多半呈暗绿至黑色。

板　块：地壳是由大大小小的一些板块所组成，它们共同构筑成我们所看得到的地表。板块彼此间会相互推挤或是分离而移动。诸如高山、海沟、火山与地震等，便是在这样的情况下形成。

海　啸：由海底地震（海边或海底的）、大型滑坡，或是火山喷发所引起的巨大海浪。

火山爆发指数：标示火山喷发强度的级数，共分为 0 到 8 级。

火山碎屑流：在爆炸式的喷发中，火山会抛出由火山灰、熔岩碎块与气体所组成的高温混合物，它们会从山坡上急速直泻而下。

火山喉管：也称为火山通道，是从岩浆库直通火山口的管道。

岩　床：地壳中的水平裂隙，熔岩会渗入其中并凝固成板状体。

俯冲带：地壳的某个板块没入另一个板块的地带，此处会形成海沟与岛弧。板块沉没后，其原本的物质可能被熔化，进而在海洋或陆地形成火山。

图片来源说明/images sources：
Archiv Tessloff：6下中，14上，37中左；BBC：22下右；ESA：19（Nr.2：PD/earth.esa. int/eo-Sharing Earth Observation Resources/Astrium Services 2012）；Flickr：21中右（CC BY 2.0/RussBowling），35背景图（CC BY-SA 2.0/ MONUSCO/ Kevin Jordan）；FOCUS Photo- und Presseagentur：33中右（Alexis Rosenfeld），35中左（Thermometer：Mauro Fermariello）；Hawaii Mapping Research Group：8上右；Hohpe, Christine：45下中；laif Agentur für Photos & Reportagen：21上；Laska Grafix：36上右；NASA：12下右（PD/Dr. Eric R. Christian），19中右（Nr.3：PD/EO-1 Team），27中（Tobasee：PD），30上右（PD），31背景图（PD），31上右（PD），31中右（PD/JPL），33上中（PD），33上右（PD/EO），34上右（JPL/ Dylan Taylor）；NASA/JPL：31中中（PD/http:// photojournal.jpl.nasa.gov/catalog/PIA00215）；Nature Picture Library：47背景图（Adam White）；NOAA：12下中（West Mata：PD）；Ohnesorge, Gerd：8-9下，9上，17上左；OKAPIA：2中（M. Siepmann/imagebroker），14下右（M. Siepmann/imagebroker）；Pfeiffer, Tom：21下右；picture alliance：2中左（Polfoto），3上中（Seismometer：J. Tran），3中右（akg-images），3上右（Zoonar/Andrey Nyrkov），4中右（A. Weda），5上（A. Weda），6下左（Erdbeben：ASSOCIATED PRESS/Takanori Sekine），13上中（bt3/ZUMA Press），13下左（Los Cerros de Payachata：blickwinkel/McPHOTOs），18上（Polfoto），21下左（Newscom/UPI Photo/ Carlos Gutierrez），22下中（E. Lessing），22-23背景图（Pompeji：United Archives/Carl Simon），23上右（L. Halbauer），23下右（Heritage Images/ Giorgio Sommer），25上右（A. Greene/B. Coleman/Photoshot），27上左（Anak Krakatau：Newscom/ European Space Agency），28上右（K. Gunnar/B. Coleman/Photoshot），29上左（D. Johnston/All Canada Photos），32背景图（Zoonar/Andrey Nyrkov），33上左（Seismometer：J. Tran），34背景图（dpa/epa afp Gabriel Bouys），38上右（dpa/epa），40中右（R. Schweizer/Arco Images），41上左（akg-images），44-45中（H. Blossey/ euroluftbild.de），45上（U. Poss），46上右（Mary Evans Picture Library），46背景图（DUMONT Bildarchiv/Stefan Feldhoff/A. C. Martin）；Premium Stock Photography：46中；Public Domain：20上右；Rolex Awards：33下右（Marc Latzel）；Shutterstock：2上右（leonello calvetti），4下右（Brisbane），6上右（Bruce Rolff），7上（leonello calvetti），12上右（ID1974），12中（Vulkan Semeru：Manamana），12-13背景图（Roberaten），13上左（Valeriy Poltorak），13上右（luigi nifosi），13下右（Kilimandscharo：Graeme Shannon），14-15背景图（Roberaten），15上左（EastVillage Images），15下中（Evocation Images），17上右（Lenor Ko），17下右（Rudolf Tepfenhart），18中右（Steffen Foerster），19下右（Jolanta Wojcicka），27下右（Dieter Hawlan），28背景图（Galyna Andrushko），28下左（Grand Prismatic Spring：Victoria Schaefer），35（Helm und Seil：Fotofermer），35（Fernglas：Evgeny Karandaev），37上左（Fredy Thuerig），41中右（Darren Baker），42上（zebra0209），42（everything possible），42中左（Matteo Chinellato），42中右（Fernando Sanchez Cortes），42下右（Charles Butzin III），43上左（Moritz Buchty），43上中（Kristallisierter Schwefel：MarcelClemens），43中（Schlauch：photosync），43中中（Stephen Coburn），43下中（Pflaster：Oleg_Mit），43下右（Pecold），46-47（Rahmen：ntstudio），48上右（Kristallisierter Schwefel：MarcelClemens）；Sigurgeir：36-37背景图，37下右；Sol90images：10-11，25中右，29下；sxc.hu：16上右；textetage：12-13背景图，44下；Thinkstock：1（most65），4-5背景图（most66），6上中（K. Dedek），6-7背景图（A. Jack），12上中（SantosJPN），35（Hammer und Lupe：Gualtiero Boffi），35（Gasmaske：Adem Demir），38-39背景图（Stockbyte），39下中（Stockbyte），45中右（W. Schloneger）；United States Geological Survey：15上中（PD/W. Chadwick, USGS），32上右（PD/Hawaii Volcano Observatory, USGS），38下中（PD/Kilauea Archive），39上左（PD/USGS）；Walter, Thomas：5中右；Wikipedia：2下左（Public Domain/Parker & Coward, Britain），3下（Public Domain/Lyn Topinka - CVO Photo Archive Mount St. Helens, Washington），3中左（Public Domain/Jakob Philipp Hackert），13中右（CC BY-SA 2.0/filippo_jean），13下中（Mount Longonot：CC BY-SA 4.0/Jyotkanwal S. Bhambra），15中右（Public Domain/NOAA），16背景图（CC BY-SA 3.0/Nula666），18中（Papageientaucher：CC BY-SA 2.5/Andreas Trepte/www.photonatur.de），19上右（Nr.1：CC BY-SA 3.0/Makemake），20背景图（Public Domain：Bodil Christensen (1896-1985)），22上右（Public Domain），22下左（Public Domain/WolfgangRieger - Filippo Coarelli），24-25背景图（Public Domain/Lyn Topinka - CVO Photo Archive Mount St. Helens, Washington），24上右（Public Domain），25下中（Public Domain/P. Frenzen, US Forest Service），26右（Public Domain/Parker & Coward, Britain），40上右（CC BY-SA 3.0/Alistair Lockyer Mahahahaneapneap），40-41背景图（Public Domain/Angrense），45上右（CC BY-SA 3.0/Sascha Langenstein），47上右（Public Domain/Jakob Philipp Hackert）
封面图片：Shutterstock：封1（beboy），封4（Rainer Albiez）
设计：independent Medien-Design

内 容 提 要

火山令人恐惧，却又富有强烈的吸引力。火山学家如何观察火山的爆炸式喷发？火山分布在地球上的哪些地方？让孩子跟随本书的脚步，了解更多关于火山的知识。《德国少年儿童百科知识全书·珍藏版》是一套引进自德国的知名少儿科普读物，内容丰富、门类齐全，内容涉及自然、地理、动物、植物、天文、地质、科技、人文等多个学科领域。本书运用丰富而精美的图片、生动的实例和青少年能够理解的语言来解释复杂的科学现象，非常适合7岁以上的孩子阅读。全套图书系统地、全方位地介绍了各个门类的知识，书中体现出德国人严谨的逻辑思维方式，相信对拓宽孩子的知识视野将起到积极作用。

图书在版编目（CIP）数据

火山探秘 /（德）曼弗雷德·鲍尔著 ； 王荣辉译
. -- 北京 ： 航空工业出版社， 2021.10（2024.11 重印）
（德国少年儿童百科知识全书 ： 珍藏版）
ISBN 978-7-5165-2757-3

Ⅰ. ①火… Ⅱ. ①曼… ②王… Ⅲ. ①火山－少儿读物 Ⅳ. ①P317-49

中国版本图书馆CIP数据核字（2021）第200050号

著作权合同登记号
图字 01-2021-4046

Vulkane. Feuer aus der Tiefe
By Dr. Manfred Baur

火山探秘
Huoshan Tanmi

航空工业出版社出版发行
（北京市朝阳区京顺路5号曙光大厦C座四层　100028）
发行部电话：010-85672663　010-85672683

鹤山雅图仕印刷有限公司印刷　　全国各地新华书店经售
2021年10月第1版　　2024年11月第7次印刷
开本：889×1194　1/16　　字数：50千字
印张：3.5　　定价：35.00元

WAS IST WAS
船的故事

WAS IST WAS
飞机的秘密

WAS IST WAS
火山探秘

WAS IST WAS
七大奇迹

WAS IST WAS
汽车世界

WAS IST WAS
鲨鱼家族

WAS IST WAS
百变天气

WAS IST WAS
穿越大自然

WAS IST WAS
鲸和海豚

WAS IST WAS
恐龙王国

WAS IST WAS
矿物与岩石

WAS IST WAS
爬行与两栖动物

WAS IST WAS
大自然的力量

WAS IST WAS
改变世界的电

WAS IST WAS
各种各样的鱼

WAS IST WAS
猫的家族

WAS IST WAS
奇境森林

WAS IST WAS
忠诚的狗

WAS IST WAS
浩瀚宇宙

WAS IST WAS
狼的故事

WAS IST WAS
蚂蚁和白蚁

WAS IST WAS
美丽的蝴蝶

WAS IST WAS
蜜蜂和胡蜂

WAS IST WAS
潜水的魅力

WAS IST WAS
古老的希腊文明

WAS IST WAS
古罗马生活

WAS IST WAS
欧洲风情

WAS IST WAS
骑士时代

WAS IST WAS
舞动的音符

WAS IST WAS
古老的城堡

WAS IST WAS
熊的秘密生活

WAS IST WAS
化石档案

WAS IST WAS
奇妙的昆虫

WAS IST WAS
极地世界

WAS IST WAS
神秘的蜘蛛

WAS IST WAS
大象王国

WAS IST WAS
海底宝藏

WAS IST WAS
海洋之谜

WAS IST WAS
火星登陆

WAS IST WAS
忙碌的农场

WAS IST WAS
时尚魅影

WAS IST WAS
全球气候